全国高职高专印刷与包装类专业教学指导委员会规划统编教材

Adobe中国教育管理中心 主编

Adobe
Photoshop CS4
图像设计与制作
技能实训教程

胡文学 钟星翔 编 著

科学出版社

内 容 简 介

本书是一本"面向工作流程"的经典之作,通过讲解真实商业设计作品的制作方法,把实际生产中容易出现的问题提出并做详细解答。本书共分 12 个模块,每个模块的结构分为模拟制作任务、知识点拓展和独立实践任务 3 部分。模拟制作任务让学生体会作品的设计流程,培养学生的兴趣;知识点拓展能让学生更加详细地学习到软件知识和专业知识,使知识体系系统化;独立实践任务可充分发挥学生的动手主动性,培养学生独立的工作技能。知识点拓展与模拟制作任务的步骤相呼应,让学生灵活地从"做中学",并从"学中做"。

本书内容丰富,采用双线贯穿,一条以选取的具有代表性的商业作品为组织线索,包括网站配图、海报、单页、挂历、手提袋、杂志封面、折页、请柬、门票和包装盒等;另一条以软件知识为组织线索,包括钢笔工具、色彩范围命令、批处理功能、图层、通道、蒙版、滤镜和色彩调整等。

本书可作为各大中专院校"数字媒体艺术"专业的教材,也可作为从事设计印刷行业的自学者的参考用书。

图书在版编目(CIP)数据

Adobe Photoshop CS4 图像设计与制作技能实训教程/
胡文学,钟星翔编著.—北京:科学出版社,2010.7
 ISBN 978-7-03-028095-4

 I.①A… II.①胡…②钟… III.①图形软件,
Photoshop CS4—教材 IV.①TP391.41

中国版本图书馆 CIP 数据核字(2010)第 117744 号

责任编辑:赵 杰 张爱华 / 责任校对:杨慧芳
责任印刷:新世纪书局 / 封面设计:彭琳君

科 学 出 版 社 出版
北京东黄城根北街 16 号
邮政编码:100717
http://www.sciencep.com

中国科学出版集团新世纪书局策划
北京市艺辉印刷有限公司印刷
中国科学出版集团新世纪书局发行 各地新华书店经销

*

2010 年 5 月 第 一 版   开本:16 开
2010 年 5 月第一次印刷   印张:20.25
印数:1—4 000   字数:492 000

定价:36.00 元(含 1DVD 价格)
(如有印装质量问题,我社负责调换)

丛书编委会

序1

Adobe公司作为全球最大的软件公司之一，自创建以来，从参与发起桌面出版革命到提供主流创意软件工具，以其革命性的产品和技术，不断变革和改善着人们思想和交流的方式。今天，无论是在报刊、杂志、广告中看到的，或者是从电影、电视及其他数字设备中体验到的，几乎所有的图像背后都打着Adobe软件的烙印。

不仅如此，Adobe主张的富媒体互联网应用（Rich Internet Applications，RIA）——以Flash、Flex等产品技术为代表，强调信息丰富的展现方式和用户多维的体验经历——已经成为这个网络信息时代的主旋律。随着像Photoshop、Flash技术不断从专业应用领域"飞入寻常百姓家"，我们的世界将会更加精彩。

"Adobe中国教育认证计划"是Adobe中国公司面向国内教育市场实施的全方位的数字教育认证项目，旨在满足各个层面的专业教育机构和广大用户对Adobe创意及信息处理工具的教育和培训需求。启动10年来，Adobe公司与国内教育合作伙伴一起，成功地推进了Adobe软件技术在中国各个行业的技术普及，并为整个社会培养了大量的数字艺术人才。

近年来，随着中国经济的不断发展，社会对人才的需求数量越来越多，对人才需求的水平也越来越高。国家也调整了教育结构，更加强调职业教育的地位，更加强调学生的实际工作能力的培养，并提出了"以就业为核心"、"以企业的需求为导向"是职业教育的根本出发点的基本思路。全国各级院校也在教育部的指导下，正在全面开展教育模式的改革，因此对教材也提出了新的要求。

为了满足新形势下的教育需求，我们组织了由Adobe技术专家、资深教师、一线设计师以及出版社教材策划人员共同组成的教育专家组负责新模式教材的开发工作。教育专家组做了大量调研工作，走访了全国几十所高校，并与"智联招聘"一起对上百家招聘企业进行了针对性调研，在充分了解企业对招聘人才的核心要求与院校教育的实际特点的基础上，最终形成了一套完整的实训教育思路，并据此开发了这套"技能实训教材"。本套教材重在系统讲解由"软件技术、专业知识与工作流程"组成的三维知识体系，以帮助学生在掌握软件技能的同时，掌握一线工作需要的实际工作技能，达到企业招聘员工要求的就业水平。

我们希望通过Adobe公司和Adobe中国教育认证计划的努力，不断提供更多更好的技术产品和教育产品，在推广Adobe软件技术的同时，也推行全新的教育理念，在教育改革中与大家一路同行，共同汇入创意中国腾飞的时代强音之中。

Adobe教育管理中心
北京易纸通慧咨询有限公司
CEO 张勇

序 2

　　成立于1997年的智联招聘(www.zhaopin.com)是国内最早、最专业的人力资源服务商之一。智联招聘是拥有政府颁发的人才服务许可证和劳务派遣许可证的专业服务机构，面向大型公司和快速发展的中小企业，提供一站式专业人力资源服务，包括网络招聘、报纸招聘、校园招聘、猎头服务、招聘外包、企业培训以及人才测评，等等。从创建以来，已经为超过199万家客户提供了专业人力资源服务。智联招聘的客户遍及各行各业，尤其在IT、快速消费品、工业制造、医药保健、咨询及金融服务等领域拥有丰富的经验。

　　智联招聘总部位于北京，在上海、广州、深圳、天津、西安、成都、南京、杭州、武汉、长沙、苏州、沈阳、长春、大连、济南、青岛、郑州、哈尔滨、福州等城市设有分公司，业务遍及全国的50多个城市。截至2009年7月，智联招聘网平均日浏览量6 500万，日均在线职位数220万以上，简历库拥有26 800余万份简历，每日新增简历超过2万份。

　　每天有数以万计的人才因通过智联招聘找到工作而欣喜，同时诸多企业也为找到合适人才而欣慰。但是，作为人力资源服务平台工作人员的我们，在为招聘成功的企业与个人高兴的同时，也看到还有很多企业为找不到合格人才而苦恼，还有更多的人士为找不到栖身之所而困苦。尤其让我们感到困扰的是，在大量高校毕业生找不到工作、毕业即失业的同时，很多企业更因为缺乏理想人才而导致诸多岗位缺员进而发展受阻。

问题出在哪儿呢？

　　还是教育模式的问题！中国的学历教育模式下培养的学生缺乏实际工作技能已经成为了社会的共识，而我们的工作所见则让我们感受更加深刻。

做好人力资源服务平台之外，我们还能再为社会做些什么呢？

　　利用我们的"实见"经验，为中国职业教育的改革做些实际的推进工作成为了我们的选择！这次，有幸与中国科学出版集团新世纪书局的编辑老师们一起开发职业技能实训教育方案，正好实现了我们的愿望。

　　我们与由厂商技术专家、资深教师、一线设计师以及出版社教材策划人员共同组成的教育专家组一起，针对智联招聘网上的招聘企业按照行业所属与岗位类型进行了分类调研，把一些热门岗位的职业技能需求做了系统的分析与归纳，并在共同策划开发的"技能实训教材"中得以体现，以帮助学员掌握企业所需要的核心技能，帮助学员能够顺利找到理想工作，同时也有利于企业更容易招聘到合格人才！

智联招聘副总裁

陈旭

前 言

Photoshop是Adobe公司旗下最出名的图像处理软件之一。它已成为许多涉及图像处理的行业的标准。

在实际应用中，平面设计是Photoshop应用最为广泛的领域，无论是图书封面，还是招贴、海报，这些具有丰富图像的平面印刷品基本上都需要使用Photoshop软件对图像进行处理。设计行业作为知识型的服务产业和新兴交叉学科，在企业竞争中扮演了举足轻重的作用。日臻成熟的消费市场在品牌服务、产品包装、广告和形象设计上提出了更高的要求，从而促使设计行业更加繁荣。Photoshop的强大功能使其成为各类设计专业的基础软件，如电脑艺术设计专业、视觉传达艺术设计专业、影视多媒体技术专业、影视动画专业、广告设计与制作专业、动漫设计与制作专业、环境艺术设计专业和服装设计专业等。

这本Photoshop图书是一本"面向工作流程"的经典之作，我们以项目实训的方式组织编写，通过模拟商业案例把实际生产中容易出现的问题提出并做详细的解答。因此这本Photoshop图书不是市场原有图书的重复产品，而是一本具有解决现实教育与生产脱节问题的、具有创新思想的图书。本书内容丰富，既介绍了软件的操作使用方法，也用大量篇幅讲解了平面设计、印刷制作等相关内容。

Photoshop在各种行业的设计岗位都会经常用到，充分体现了Photoshop作为设计专业基础软件的必要性。下面列举几则招聘启事。

一、招聘单位：【北京】北京东道形象设计制作有限责任公司

招聘岗位：平面设计师

要　求：

1. 美术类专业本科以上学历，具有深厚的美术功底和良好的创意构思能力，对色彩有深刻的把握力，拥有独特的设计风格、独到的创意视点与创新意识

2. 二年以上平面设计从业经验，并有较多的网上作品（请提供作品或网址）

3. 熟练使用Photoshop、Illustrator、CorelDRAW等软件，熟悉排版、印刷等后期制作（3ds Max使用熟练者优先）

4. 能独立洽谈完成创意设计任务

5. 乐观开朗，有责任心，善于沟通与协作，具团队合作精神

二、招聘单位：【北京】奔九文化传播（北京）有限公司

招聘岗位：平面设计师

要　求：

1. 全职，男女不限，30岁以下，平面设计或相关专业

2. 二年以上平面设计工作经验，熟练使用电脑及操作Photoshop、Illustrator 等平面设计软件，熟练掌握印前设计制作和印刷工艺要求

3. 具备较高的审美能力，扎实的绘画功底和鲜活的创意能力，能够准确快捷地把握设计项目定位，独立完成平面设计及 VI 设计等项目，有画册设计经验者优先考虑

4. 工作严谨，责任心强，具有良好的沟通能力，工作有条理，有较强的团队合作能力，英文流利者优先

5. 请将您的简历与作品（代表性作品 5 件， jpg 或 ppt 格式）发邮件至本公司，我司初审后将统一通知

面试时间

三、招聘单位：【北京】潮星国际集团有限公司

招聘岗位：平面设计师

要　求：

1. 工作经验：2年以上平面设计工作经验

2. 深厚的美术功底，优秀的视觉表现能力，精通各类平面设计软件(Photoshop、Illustrator、InDesign)，能独立完成工作

3. 熟悉平面设计作业流程，了解印刷制作流程及工艺

4. 能够准确领会客户的要求，具有很强的创意、创作、设计能力，并具备独立完成工作的能力，有良好的色彩及版面视觉把握能力。思维敏锐活跃，具有丰富的视觉创作经验和独到的审美修养

5. 有很强的责任心及团队合作精神，善于沟通，能准确完整地表达自己的设计思路

6. 能够吃苦耐劳，承受较大的工作压力

　　本书的配套光盘中包含了书中案例的素材和教学视频。另外，为方便教师教学，本书配备了教师参考书、练习素材、电子课件及实训教学包，以更加宽泛的专业知识和合理的内容安排来协助教师进行更精彩的讲解。本书的参考学时为48学时，其中实践部分为24学时，各模块的任务和学时分配参见下表。

模块	项目内容	学时分配	
		讲课	课堂实践
模块01	设计制作电脑桌面壁纸	2	2
模块02	设计制作网站配图	2	2
模块03	设计制作Jeep汽车写真作品	2	2
模块04	设计制作音乐盛典宣传海报	2	2
模块05	设计制作摄影机构宣传单页	2	2
模块06	设计制作境象公司挂历封面	2	2
模块07	设计制作唯美传媒手提袋	2	2
模块08	设计制作《环球体育》杂志书封	2	2
模块09	设计制作海洋公园宣传折页	2	2
模块10	设计制作贝壳岛景区请柬	2	2
模块11	设计制作音乐节门票	2	2
模块12	设计制作数码相机包装盒	2	2
学时总计		24	24

　　本书由胡文学、钟星翔编著，杨克卿、张彦彦、张文雅、霍奇超、李蕊、杨奕参与了本书的素材整理和案例测试工作，在此一并表示感谢。

　　由于时间仓促，水平有限，书中难免存在不妥之处，敬请广大读者批评指正。

编者

2010年4月

模块01 设计制作电脑桌面壁纸
Photoshop基础知识

模块02 设计制作网站配图
Photoshop工具的使用

模块03 设计制作Jeep汽车写真作品
复杂选区的抠选

模块04 设计制作音乐盛典宣传海报
文字的处理与应用

模块05 设计制作摄影机构宣传单页
自动功能的应用和获取原稿的方法

模块06 设计制作境象公司挂历封面
图层的综合应用

模块10　设计制作贝壳岛景区请柬
滤镜工具的使用（2）

模块11　设计制作音乐节门票
色彩调整应用基础

模块12　设计制作数码相机包装盒
色彩调整高级应用

01 模块

设计制作电脑桌面壁纸

——Photoshop基础知识

任务参考效果图

蓝海广告

正德厚生 臻于至善

➡ 能力目标

1. 能简单进行图像处理
2. 能设计制作电脑桌面壁纸

➡ 专业知识目标

1. 了解图像处理的一般流程
2. 了解位图和矢量图的区别
3. 了解分辨率与图像的关系

➡ 软件知识目标

1. 认识图像处理流程
2. 熟悉Photoshop工作界面
3. 掌握Photoshop相关工具的应用

➡ 课时安排

4课时（讲课2课时，实践2课时）

模拟制作任务（2课时）

任务一　电脑桌面壁纸的设计与制作

➲ 任务背景

北京蓝海广告公司新购置了一批电脑，需要设计师设计一些图片作为电脑的桌面壁纸。

➲ 任务要求

有视觉冲击力，画面不能太乱，桌面上的图标能够清楚显示。

➲ 任务分析

首先确定公司电脑的像素值，有以下几种：1 024像素×768像素、1 280像素×800像素、1 280像素×1 024像素等。然后在Photoshop❶（注：此序号与"知识点拓展"中的序号❶相对应）中建立相应尺寸的新文档，之后将图像❷拼合到新文档中。

本案例的难点

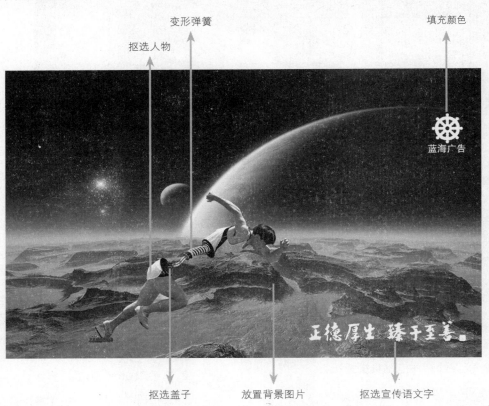

抠选人物　　变形弹簧　　　　　　　　　　　　　填充颜色

蓝海广告

抠选盖子　　　放置背景图片　　　抠选宣传语文字

操作步骤详解

建立新文档

1 执行【文件】>【新建】命令⑫，在弹出的对话框中设置"名称"为"壁纸1"，"宽度"和"高度"分别为"1 280像素"和"800像素"，"分辨率"❸为"72像素／英寸"，"颜色模式"为"RGB颜色"，如图1-1所示。设置完成后单击【确定】按钮。

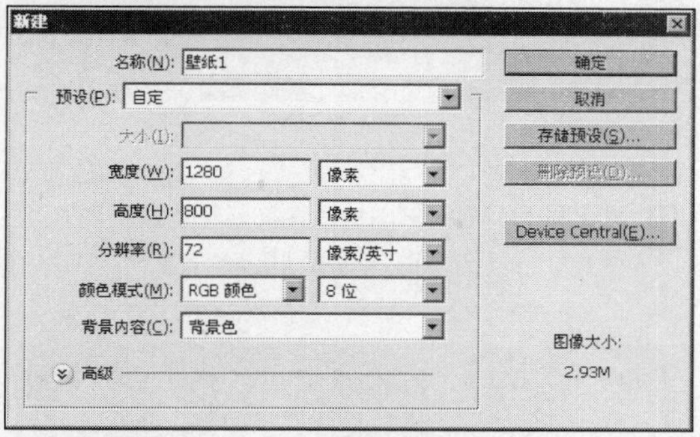

图1-1

贴入背景图像

2 执行【文件】>【打开】命令❻，弹出【打开】对话框，单击"查找范围"右侧的下三角按钮，在展开的下拉列表中选择素材"模块1\任务—\01a"，如图1-2所示，然后单击【打开】按钮。

图1-2

3 执行【选择】>【全部】命令❹，则蚂蚁线出现在文档中，如图1-3所示，再行执行【编辑】>【拷贝】命令❻。

图1-3

4 执行【窗口】命令，在展开的菜单中选择"壁纸1"选项，可以看到"壁纸1"文档标题栏蓝色显示，表示处于激活状态，如图1-4所示。

图1-4

5 执行【编辑】>【粘贴】命令❹，即可将刚才复制的图像粘贴到文档"壁纸1"中，如图1-5所示。

图1-5

拼合人物图像

6 打开素材"模块1\任务—\01b"❻，选择工具箱中的【缩放工具】❹，在人物的脚和踏板的交界处单击4下，将该区域放大显示，如图1-6所示。

01
02
03
04
05
06
07
08
09
10
11
12

图1-6

7 选择工具箱❺中的【多边形套索工具】，在人物的脚和踏板的交界处单击鼠标左键，如图1-7所示。

图1-7

8 沿着跑鞋将鼠标指针向上移动少许，此时【多边形套索工具】❻示意线出现在图像中，当示意线与跑鞋完全贴齐时，单击鼠标左键建立第二个确认点，如图1-8所示。

图1-8

9 沿着人物的边缘移动鼠标，并且不断建立确认点，当终点与起点重合时，在起点处单击鼠标左键，得到一个闭合的选区，双击【抓手工具】，全屏显示图像，如图1-9所示。

图1-9

10 按【Ctrl+C】键❹，然后在文档"壁纸1"的标题栏上单击鼠标左键，再按【Ctrl+V】❹键将素材人物粘贴到文档"壁纸1"中，如图1-10所示。

图1-10

11 执行【编辑】>【自由变换】❽命令，将鼠标指针移动到自由变换定界框右上角的控制点上，按住【Shift】键，同时按住鼠标左键向左下方拖曳，图像缩小到合适大小后松开鼠标，如图1-11所示，按【Enter】键确认操作。

图1-11

Adobe Photoshop CS4
图像设计与制作技能实训教程

12 使用【多边形套索工具】将人物的上半身框选出来，如图1-12所示。

图1-12

13 执行【编辑】>【剪切】命令❹，如图1-13（a）所示，然后执行【编辑】>【粘贴】命令，效果如图1-13（b）所示。

图1-13（a）　　　　　图1-13（b）

14 选择工具箱中的【移动工具】❺，在人物的上半身图像上按住鼠标左键并拖曳，将图像移动到合适位置后松开鼠标，如图1-14所示。

图1-14

拼合腰部盖子

15 打开素材"模块1\任务一\01c"，如图1-15所示。

图1-15

16 选择工具箱中的【椭圆选框工具】❼，在图像的右侧按住鼠标左键并拖曳，将图像右侧椭圆形盖子粗略框选，然后松开鼠标，如图1-16所示。

图1-16

17 执行【选择】>【变换选区】命令⓫，调整定界框控制点使蚂蚁线尽量贴齐椭圆形盖子，将鼠标指针移动到定界框外，鼠标指针变为旋转图标，按住鼠标左键并上下拖曳，旋转该选区直到选区与盖子重合，如图1-17所示，按【Enter】键确认操作。

图1-17

18 按【Ctrl+C】键，然后切换到文档"壁纸1"中，再按【Ctrl+V】键将盖子粘贴到文档"壁纸1"中，如图1-18所示。

图1-18

19 按【Ctrl+T】键[13]，调出自由变换定界框，缩小并旋转该图像，然后在图像上按住鼠标左键，将其拖曳到人物下半身，再次调整图像的大小和角度，直到与人物融合比较自然，如图1-19所示，按【Enter】键确认操作。

图1-19

20 按【Ctrl+A】键全选图像，再按【Ctrl+C】键复制图像，然后按【Ctrl+V】键粘贴，如图1-20所示。

图1-20

21 按【Ctrl+T】键，调出自由变换定界框，将图像旋转180°，然后将图像拖曳到人物上半身合适位置处，如图1-21所示，按【Enter】键确认操作。

图1-21

拼合弹簧

22 打开素材"模块1\任务一\01d"，选择【多边形套索工具】抠选图像中间的大弹簧，如图1-22所示。

图1-22

23 按【Ctrl+C】键，然后切换到文档"壁纸1"中，再按【Ctrl+V】键将抠选的大弹簧粘贴到文档"壁纸1"中，如图1-23所示。

图1-23

24 按【Ctrl+T】键，将图像缩小并拖曳到合适位置，使其连接人物的上半身与下半身，如图1-24所示。

图1-24

25 在弹簧处右击,在弹出的快捷菜单中选择【变形】命令,则图像上出现九格定界框,在定界框的控制点上按住鼠标左键拖曳,调整弹簧的变形程度,使弹簧与人物连接更为自然,如图1-25所示,按【Enter】键确认操作。

图1-25

拼合Logo

26 打开素材"模块1\任务一\蓝海LOGO"❻,弹出【导入PDF】对话框,在此对话框中将图像的分辨率设定为72像素/英寸,如图1-26所示。单击【确定】按钮。

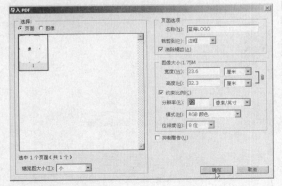

图1-26

27 选择工具箱中的【矩形选框工具】❼,在Logo图像的左上方按住鼠标左键向右下方拖曳,直到将Logo全部框选,松开鼠标,如图1-27所示。

图1-27

28 选择工具箱中的【移动工具】❺,选中框选的图像并按住鼠标左键向文档"壁纸1"中拖曳,如图1-28所示。

图1-28

29 确认工具箱中的背景色为"白色",如图1-29(a)所示,执行【编辑】>【填充】命令❿,如图1-29(b)所示。

图1-29(a)　　图1-29(b)

30 在弹出的【填充】对话框中单击"使用"右侧的下三角按钮，在弹出的下拉列表中选择"背景色"选项，勾选【保留透明区域】复选框，单击【确定】按钮，如图1-30所示。

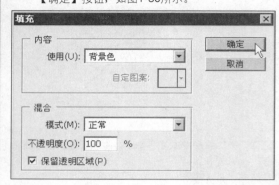

图1-30

31 使用【移动工具】将Logo移动到文档"壁纸1"的右上角，如图1-31所示。

图1-31

拼合宣传语

32 打开素材"模块1\任务一\01e"，选择工具箱中的【魔棒工具】❾，在文档的白色区域单击鼠标左键，如图1-32所示。

图1-32

33 执行【选择】>【选取相似】命令，再执行【选择】>【反向】命令❾，然后按【Ctrl+C】键，如图1-33所示。

图1-33

34 切换到文档"壁纸1"中，按【Ctrl+V】键，再选择工具箱中的【移动工具】，在图像上按住鼠标左键拖曳，将图像移动到文档的右下角，如图1-34所示。

图1-34

存储输出

35 执行【文件】>【存储为】命令，弹出【存储为】对话框，在此对话框中单击左侧的"桌面"图标，然后单击"格式"右侧的下三角按钮，在展开的下拉列表中选择JPEG选项，单击【保存】按钮，如图1-35所示。

图1-35

知识点拓展

❶ Photoshop概述

Photoshop 是 Adobe 公司的软件产品，经过近 20 年的发展，它已经成为世界上非常优秀的图像处理软件之一。

作为世界顶尖级的图像设计与制作工具软件，它可以用于 MAC 和 PC 平台。它功能强大，应用广泛，提供了色彩调整、图像装饰和各种滤镜效果功能。用户可以为扫描的照片文件或者 Photo CD 格式的文件添加所需要的特殊效果。

在计算机绘图设计领域中，拥有许多不同功能的软件，如 3D 动画制作软件、制作矢量图的绘图软件、多媒体制作软件、排版软件和网页制作软件等。每款软件都有各自的功能和特色，Photoshop 在其中扮演着非常重要的角色。摄影师、利用计算机完成创作的艺术家、网页设计者、电子刊物制作者、印刷业者及计算机绘图设计师等，都离不开 Photoshop 这个得力的工具。

在平面设计中，Photoshop 常常与 Illustrator、InDesign 配合使用，这三款软件的侧重点各不相同。其中，Photoshop 是图像处理软件，Illustrator 是图形绘制软件，InDesign 是排版软件。图 1-36 所示为平面设计流程。

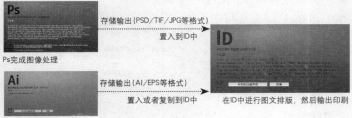

图1-36

❷ 位图图像与矢量图形

计算机中显示的图片一般可以分为两大类——位图图像和矢量图形。

位图图像又称光栅图，由多个方块"像素"组成，图像的像素越多，包含的信息量越大，文档体积也越大。

矢量图形使用线段和曲线描述图像，所以称为矢量，同时图形也包含了色彩和位置信息。

位图图像和矢量图形在平面设计中应用广泛，这两类图片各有特点，利用它们各自的特点在设计中灵活运用，可以高效地设计产品，使产品更美观。位图图像与矢量图形的区别如图 1-37 所示。

Photoshop InDesign

☀ 知识

Photoshop处理图像的一般流程如下：

```
新建或者打开图像
        ↓
     创建选区
```

初级选择工具：矩形选框工具、魔棒工具等；中级选择工具和命令：钢笔工具、色彩范围命令等；高级选择功能：蒙版、通道等

```
针对选区，运用工具和命令编辑图像
```

图章工具、画笔工具、渐变工具等 | 色彩调整命令、滤镜命令等

```
     存储输出
```

可以将图像存储为JPG、TIF、PSD、PDF等格式

☀ 知识

像素是图像的最小单元，用于印刷的图像通常都是由数量惊人的像素点组成，图像的宽度和高度相乘能计算出像素总数，如一张宽度为 1 280 像素、高度为800像素的图像的像素总数为 1 280×800＝1 024 000。

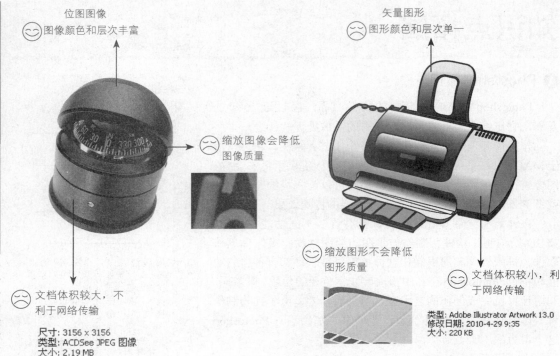

位图图像
☺ 图像颜色和层次丰富

矢量图形
☹ 图形颜色和层次单一

☹ 缩放图像会降低
图像质量

☹ 文档体积较大，不
利于网络传输

尺寸: 3156 x 3156
类型: ACDSee JPEG 图像
大小: 2.19 MB

☺ 缩放图形不会降低
图形质量

☺ 文档体积较小，利
于网络传输

类型: Adobe Illustrator Artwork 13.0
修改日期: 2010-4-29 9:35
大小: 220 KB

图1-37

比较位图图像和矢量图形的优缺点可知，在平面设计中，当需要层次丰富、色彩绚丽的图片时，应该使用位图图像；当对图片的色彩和层次没有太高要求时，可以使用矢量图形，如企业标识（Logo）、艺术字等。

❸ 分辨率

分辨率是指一个图像文件中包含的细节和信息的大小以及输入、输出或显示设备能够产生的细节程度，即单位长度内像素的多少。在 Photoshop 中，分辨率使用两种单位："像素/英寸"和"像素/厘米"，像素/英寸（每英寸长度内分布的像素数量）也称为"ppi"。

用途不同的图像，设置的分辨率也是不一样的。

用于屏幕显示的图像，如电脑桌面壁纸和上传到 QQ 空间的图像，分辨率可设置为 72ppi 或者 96ppi。

用于喷绘的图像分辨率应该设置为 12~72 ppi，用于写真的图像分辨率应该设置为 72~120 ppi。

用于普通报纸印刷的图像分辨率应该设置为 200~266 ppi，用于普通彩色印刷的图像分辨率应该设置为 300 ppi，用于高档彩色印刷的图像分辨率应该设置为 350~400 ppi。

☀ **知识**

在Photoshop中有两个命令与图像分辨率有关。

①【新建】命令，即在创建文件时就需要确定新文件的分辨率。

②【图像大小】命令，此命令用于改变不正确的图像分辨率，同时可以改变图像的尺寸。

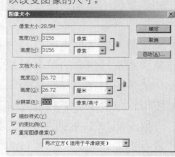

❹ Photoshop工作界面

运行 Photoshop 软件并打开一张图片，可以看到 Photoshop 的工作界面，如图 1-38 所示。

菜单栏：由【文件】、【编辑】、【图像】、【图层】、【选择】、【滤镜】、【分析】、【3D】、【视图】、【窗口】、【帮助】11类菜单组成，包含了操作时要使用的所有命令。要使用菜单中的命令，只需将鼠标指针指向菜单中的某项并单击鼠标左键，此时将显示相应的菜单。在弹出的菜单中上下移动鼠标指针进行选择，单击要使用的菜单命令，即可执行此命令

选项栏：对应工具箱中每个工具的设置内容

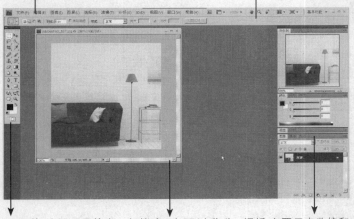

工具箱：选择工具箱中的工具，然后在文档中进行操作，以编辑图像。如果工具箱中的工具项目内陷显示，则表示该工具为当前选择的工具

文档窗：也可以称为"工作区"，使用工具和命令来编辑文档

调板：主要用来监控和管理图像编辑的内容，如【导航器】调板用来缩放图像的显示比例；【图层】调板用来管理图像的图层

图1-38

其中，文档窗的界面如图 1-39 所示。

文档标题栏：文档标题名黑色显示，则表示该文档处于激活状态，为当前编辑文档

标尺：常用于定位图像和参考线位置

图像

状态栏：用于显示文档的基本信息，如文档体积，显示比例等

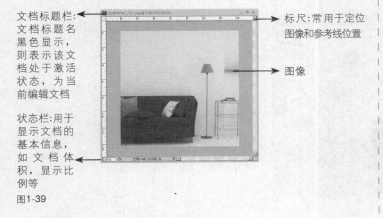

图1-39

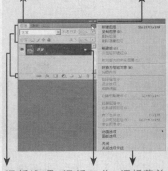

下面具体介绍菜单栏中的各选项。

【文件】菜单：该组命令主要用于获取和输出文档，如【新建】命令、【存储】命令等，如图 1-40 所示。

图1-40

【编辑】菜单：对图像进行基础编辑，【拷贝】、【粘贴】和【变换】是最常用的命令，如图 1-41 所示。

图1-41

【图像】菜单：在菜单中分列着模式命令组、调整命令组和图像尺寸编辑组等，其中最重要的是调整命令组，如图 1-42 所示。

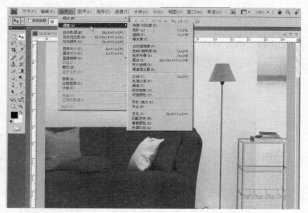

图1-42

提示

将鼠标指针移动到带三角图标的菜单命令上时，系统会自动展开级联菜单，在级联菜单中可以选择相应的命令。

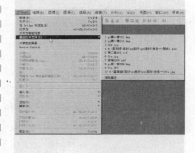

提示

【拷贝】和【粘贴】命令是最常用的命令，记住它们的快捷键可以提高工作效率。【拷贝】的快捷键是【Ctrl+C】键；【粘贴】的快捷键是【Ctrl+V】键。【剪切】命令也是一个复制对象的命令，只不过在复制时它会将原对象删除。

Photoshop InDesign

01
02
03
04
05
06
07
08
09
10
11
12

【图层】菜单：针对基本的图层操作，可以在此菜单中选择相应的命令，如图 1-43 所示。

图1-43

【选择】菜单：在菜单中可以使用相关命令创建、选择并编辑选区，如图 1-44 所示。

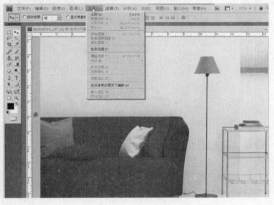

图1-44

【滤镜】菜单：是 Photoshop 中最让初学者兴奋的一组命令，图像的许多效果都是通过使用这些命令产生的，如图 1-45 所示。

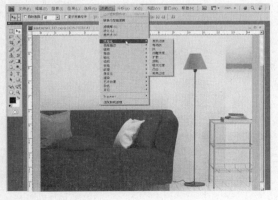

图1-45

提示

菜单命令右侧的英文字母是该命令的快捷键，使用快捷键可以快速调用该命令。

【分析】菜单：是 Photoshop 中的辅助菜单，不能修改图像像素，通过记录选区或者图像的大小、角度等数据给设计者提供参考，如图 1-46 所示。

图1-46

【3D】菜单：可以处理和合并现有的 3D 对象，创建新的 3D 对象，编辑和创建 3D 纹理，以及组合 3D 对象与 2D 对象，如图 1-47 所示。

图1-47

【视图】菜单：主要用于显示某些特定内容以帮助设计者更好地完成工作，如调整图像的显示比例以便让设计者能查看图像的全局或者局部细节，如图 1-48 所示。

图1-48

【窗口】菜单：用于显示或者隐藏调板，也可以用于选择某个文档，如图 1-49 所示。

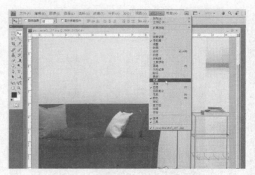

图1-49

【帮助】菜单：可以了解版本信息和获得帮助，如图 1-50 所示。

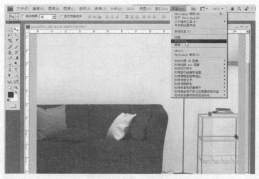

图1-50

❺ 工具箱

使用 Photoshop 工具箱中提供的工具直接在图像上进行操作，可以十分方便地编辑图像。在工具箱中的工具上单击鼠标左键，即可选中该工具。有些工具图标的右下角显示有三角图标，表示该工具内有隐藏项目，在工具箱中的工具上按住鼠标左键，即可弹出工具下拉菜单，其中的隐藏项目即可被显示出来，将鼠标指针移动到显示出来的工具上，然后松开鼠标就可以选中该工具，如图 1-51 所示。

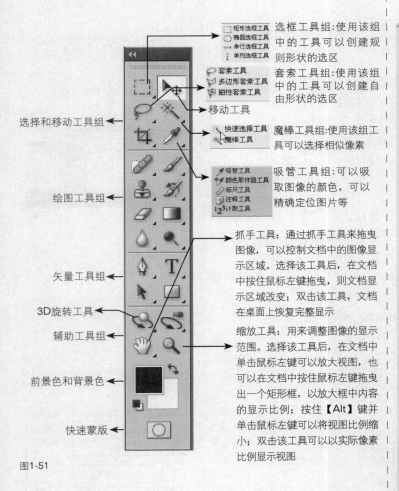

选框工具组：使用该组中的工具可以创建规则形状的选区

套索工具组：使用该组中的工具可以创建自由形状的选区

移动工具

魔棒工具组：使用该组工具可以选择相似像素

吸管工具组：可以吸取图像的颜色，可以精确定位图片等

抓手工具：通过抓手工具来拖曳图像，可以控制文档中的图像显示区域。选择该工具后，在文档中按住鼠标左键拖曳，则文档显示区域改变；双击该工具，文档在桌面上恢复完整显示

缩放工具：用来调整图像的显示范围。选择该工具后，在文档中单击鼠标左键可以放大视图，也可以在文档中按住鼠标左键拖曳出一个矩形框，以放大框中内容的显示比例；按住【Alt】键并单击鼠标左键可以将视图比例缩小；双击该工具可以以实际像素比例显示视图

选择和移动工具组

绘图工具组

矢量工具组

3D旋转工具

辅助工具组

前景色和背景色

快速蒙版

图1-51

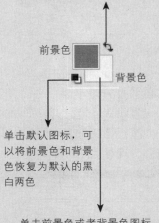

☀ 知识：前景色和背景色

前景色和背景色设置图标在工具箱的下方位置，为图像描边、填充颜色时需要使用前景色和背景色。

单击切换图标，可以互换前景色和背景色的颜色

前景色

背景色

单击默认图标，可以将前景色和背景色恢复为默认的黑白两色

单击前景色或者背景色图标，可以激活拾色器，在拾色器中可以设置它们的颜色

❻ 打开文件

打开文件是将图像调入 Photoshop 中最常用的操作，执行【文件】>【打开】命令，弹出【打开】对话框，在对话框的"查找范围"中寻找图片存储的文件夹，然后在图片显示区中单击图片使其以蓝色显示，再单击【打开】按钮，如图 1-52 所示，图片即可被调入 Photoshop 中。

✆ 提示：打开文档的其他方法

直接在图像文档上双击，可以打开该图像文件。

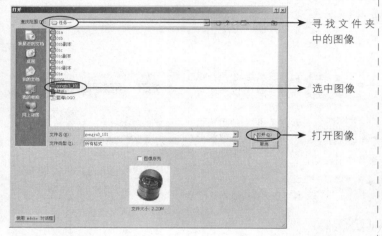

寻找文件夹中的图像

选中图像

打开图像

图1-52

✆ 提示

将文件夹中的图像文档直接向 Photoshop 窗口中拖曳，也可以打开图像文件。

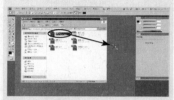

在 Photoshop 中可以打开多种格式的图像文档，多数格式的图像打开时不会弹出设置对话框，但是某些格式图片需要对其进行设置才能打开，如 PDF 和 AI 文档。

执行【文件】>【打开】命令，选中并打开一张 PDF 图像，将弹出【导入 PDF】对话框，参数设置如图 1-53 所示。

✆ 提示：打开EPS文档

打开一张EPS图片，将弹出相应的对话框，如下图所示。

根据需要在此设置图像的宽度和高度

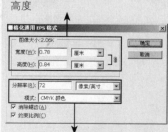

根据需要在此设置图像的分辨率和颜色模式

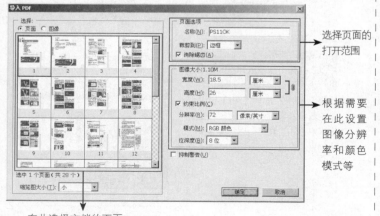

选择页面的打开范围

根据需要在此设置图像分辨率和颜色模式等

在此选择文档的页面

图1-53

❼ 选框工具组

选框工具组是最简单的选择工具，包括【矩形选框工具】、

【椭圆选框工具】、【单行选框工具】和【单列选框工具】。

（1）创建选区

　　【矩形选框工具】可以创建矩形选区。选择工具箱中的【矩形选框工具】，在文档中按住鼠标左键不放并拖曳，可以绘制出一个矩形选区，如图 1-54 所示。

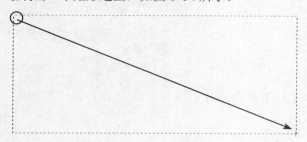

图1-54

　　按住【Shift】键，使用【矩形选框工具】可以绘制出一个正方形的选区，如图 1-55 所示。

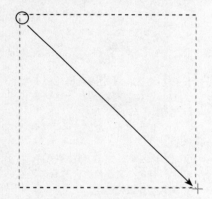

图1-55

　　按住【Shift+Alt】键，使用【矩形选框工具】可以绘制出以起始点为中心的正方形选区，如图 1-56 所示。

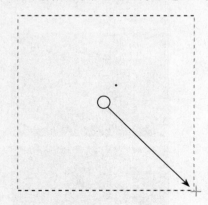

图1-56

🖜 提示

【椭圆选框工具】的用法与【矩形选框工具】一样，它可以绘制出圆形的选区，按住【Shift】键可以绘制出一个正圆形，按住【Alt】键可以绘制出一个以起始点为中心的椭圆形。

🖜 提示

使用【单行选框工具】和【单列选框工具】可以绘制1像素宽的行或列选区，结合【自由变换】命令可以制作成漂亮的图案。操作步骤如下：

① 打开一张图像，选择【单行选框工具】，在图像上单击鼠标左键，文档中出现选区。

② 按【Ctrl+T】键，分别在定界框中间的控制点上按住鼠标左键并拖曳到文档边缘，松开鼠标，得到所需的效果。

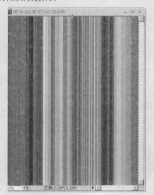

Photoshop InDesign

如果文档中已经建立好一个选区，还需要增加选区范围，则可以在按住【Shift】键的同时进行绘制，如图1-57所示，否则原选区自动消失。

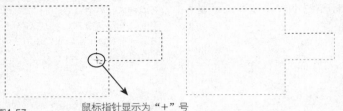

鼠标指针显示为"+"号

图1-57

如果需要删减选区范围，可以在按住【Alt】键的同时进行绘制，如图1-58所示。

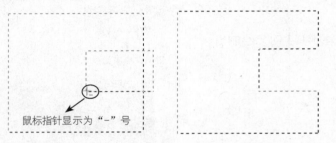

鼠标指针显示为"-"号

图1-58

当选择【矩形选框工具】之后，选项栏会显示为【矩形选框工具】选项栏，如图1-59所示。

在样式中可以设置矩形选区以固定比例或固定大小的方式绘制

在此设置大于0的羽化值，此时选区边缘出现虚化效果，羽化的边缘表示该区域部分处于选中状态，通常在拼合图像时为了使图像边缘融合得更加自然，需要为选区设置羽化值

单击此按钮，在弹出的对话框中可以编辑绘制好的选区，如设置羽化值、收缩和扩展程度

图1-59

（2）移动选区

绘制好选区之后，将鼠标指针移动到选区内，按住鼠标左键并拖曳，可以将选区移动，如图1-60所示。

图1-60

提示

执行【选择】>【全部】命令（或者按快捷键【Ctrl+A】）可以将图像全部选中；按【Ctrl+D】键可以取消选区；按【Ctrl+H】键可以隐藏选区。

提示

使用选框工具绘制的选区是闭合选区，并且以蚂蚁线为分界线，蚂蚁线内为选中区域，蚂蚁线外为未选中区域。

选中区域

未选中区域　　蚂蚁线

①新选区：【矩形选框工具】默认激活选项，绘制的新选区会取代原选区。
②添加到选区：新的选区添加到原选区上。
③从选区减去：原选区减去新选区。
④与选区交叉：新选区与原选区相交的区域为最终选区。

提示：移动选区内容

在工具箱中选择【移动工具】，在选区内按住鼠标左键并拖曳，可以移动选区中的图像。

8 套索工具组

套索工具组包括【套索工具】、【多边形套索工具】和【磁性套索工具】3 种。

可以使用套索工具组中的工具来绘制自由形状的选区，选择工具箱中的【套索工具】，在图像中按住鼠标左键并拖曳，直到绘制出需要的形状后松开鼠标，选区自动闭合形成闭合选区，如图 1-61 所示。

图1-61

选择工具箱中的【多边形套索工具】，在图像上需要绘制的地方单击鼠标左键，建立第一个确认点，移动鼠标指针到合适的位置单击鼠标左键，建立第二个确认点，反复进行上述操作，直到终点即将与起点重合，将鼠标指针移动到起点位置时鼠标指针变成 形状，在起点处单击鼠标左键，得到一个闭合的选区，选区绘制完成，如图 1-62 所示。

图1-62

提示

【套索工具】与【多边形套索工具】相比，绘制的选区自由度更大，也更难控制。相对来说，【多边形套索工具】绘制的选区则要精确许多。

提示

使用【多边形套索工具】绘制选区，在绘制过程中只需要按住【Ctrl】键，鼠标指针变成 形状，然后在文档中单击鼠标左键就会自动形成闭合选区。

知识：磁性套索工具

选择【磁性套索工具】，在文档中需要建立选区处单击鼠标左键，然后沿着抠选对象边缘移动鼠标指针，当终点与起点重合时单击鼠标左键，创建出一个闭合的选区。也可以通过按【Ctrl】键自动形成闭合选区。

使用【磁性套索工具】框选图像，鼠标移动的轨迹自动出现锚点。

松开鼠标，蚂蚁线出现，即套索轨迹自动转换为选区。

【磁性套索工具】比较适合抠选像素反差比较大的对象。

❾ 魔棒工具组

魔棒工具组包括【快速选择工具】和【魔棒工具】。

【魔棒工具】可以用来选取相邻并且颜色相似的像素。选择【魔棒工具】，在图像中单击鼠标左键，则蚂蚁线出现在文档中，相邻且颜色相似的像素可被选中，如图 1-63 所示。

图1-63

像素的相似程度通过"容差"来定义，选中【魔棒工具】之后，选项栏变成【魔棒工具】选项栏，在选项栏中可以设置容差值，如图 1-64 所示。数值越大，表示允许选择差别越大的像素，选区范围也就越大。

图1-64

❿ 填充

【编辑】菜单中的【填充】命令可以对整个文档或者选区填充颜色和图案。执行【编辑】>【填充】命令，弹出【填充】对话框，如图 1-65 所示。

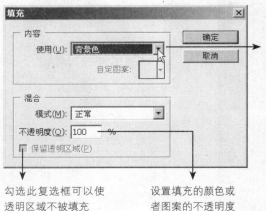

勾选此复选框可以使透明区域不被填充

设置填充的颜色或者图案的不透明度

图1-65

在"使用"下拉列表框中可以设置填充的类型，可以设置为填充颜色或者填充图案

☀知识：**快速选择工具**

魔棒工具组中的【快速选择工具】可以更加快捷地选择图像，在图像中按住鼠标左键拖曳，可以看到鼠标指针滑过的地方都被选中。

♂ **提示**

按住【Shift】键使用【魔棒工具】在图像中的不同区域反复单击鼠标左键，可以选取更大的选择区域。

☀知识：**反选选区**

执行【选择】>【反向】命令，可以反选选区。如果对象的颜色比较丰富，背景色比较单一，可以先使用【魔棒工具】来选择背景，然后反选选区以选中对象。

☀知识：**扩大选取和选取相似**

【选择】菜单中的【扩大选取】命令用于扩展选取范围；【选取相似】命令用于选择整个图像中相似的像素。

☀知识：**【描边】命令**

【编辑】菜单中的【描边】命令可以对选区设置描边的颜色。

设置描边的粗细，设置描边以像素为单位　颜色

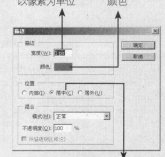

设置描边在蚂蚁线的位置

⑪ 【变换选区】命令

【选择】菜单中的【变换选区】命令可以编辑选区的大小、角度和形状。在图像中绘制好一个选区后,执行【选择】>【变换选区】命令,选区上会出现变换定界框,定界框上分布着8个控制点,可以通过拖曳这些控制点来调整定界框大小,如图 1-66 所示。

图1-66

将鼠标移动到控制点上并按住鼠标左键,拖曳控制点到合适位置后松开鼠标,如图 1-67 所示。

图1-67

按【Enter】键,定界框消失,选区大小被修改,如图 1-68 所示。

图1-68

⑫ 【新建】命令

【新建】命令用于创建空白文档,执行【文件】>【新建】命令,弹出【新建】对话框,如图 1-69 所示。

♂ 提示

移动鼠标指针到定界框外,鼠标指针变成 ↷ 形状,按住鼠标左键并拖曳,定界框与选区都发生旋转,旋转到合适角度时松开鼠标,按【Enter】键,选区被旋转。

♂ 提示

定界框出现在文档中后右击,在弹出的快捷菜单中可以选择相应的命令来调整选区的形状,调整完成后按【Enter】键,选区形状发生改变。

"名称"用来设置新建文件的名称，系统默认的文件名称为"未标题-1"，可修改为其他名称。例如，需要设文件名为"文字"，就可在【名称】文本框中输入"文字"。创建好的文件的标题栏就会显示为"文字"

新建

名称(N): 未标题-1

确定

取消

⑤ 预设(P): 自定

大小(I):

⑦ 存储预设(S)...

⑧ 删除预设(D)...

① 宽度(W): 27 厘米

高度(H): 47 厘米

Device Central(E)...

② 分辨率(R): 350 像素/英寸

③ 颜色模式(M): CMYK 颜色 8 位

④ 背景内容(C): 白色

图像大小：
91.9M

⑥ ⌄ 高级

"属性"框中可以设置文档的宽度、高度、分辨率和颜色模式等内容

图1-69

① 宽度/高度：用来设置新建文件的宽度和高度，可以选择不同的单位，包括"像素"、"英寸"、"厘米"、"毫米"、"点"、"派卡"、"列"等。

② 分辨率：用来设置新建文件的分辨率，可以选择"像素/英寸"（ppi）或"像素/厘米"为单位，通常选择"像素/英寸"作为单位。图像分辨率设定应恰当，若分辨率太高，则运行速度会减慢，占用的磁盘空间也增大，不符合高效原则；若分辨率太低，则会影响图像细节的表达，不符合高质量原则。

③ 颜色模式：用来设置新建文件的颜色模式，包括"位图"、"灰度"、"RGB颜色"、"CMYK颜色"和"Lab颜色"等。如果是印刷或打印用途则选择CMYK，其余用途选择RGB即可。而如果用灰度模式，那么图像中就不能包含颜色信息。位图模式下，图像只有黑白两种颜色。

④ 背景内容：用来设置文件背景的颜色，即画布的颜色，包括"白色"、"背景色"和"透明"。"白色"为系统默认的设置；如果选择"背景色"，则创建的文件的画布颜色为当前背景色；如果选择"透明"，则创建的文件为透明背景，如下图所示。

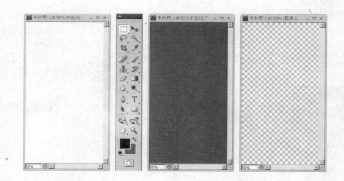

⑤ 预设：在该下拉列表框中包含系统预设的文件大小，例如：默认Photoshop大小、美国标准纸张、国际标准纸张、照片、Web等。选择各个选项后，都会有相应大小的对应设置。在自定的情况下，"大小"选项是灰色显示的，但当选择"国际标准纸张"后，"大小"就可以调整了。打开下拉列表，里边会有国际标准的纸张大小，如A4、A5、A6、A3、B5、B4、B3等。A4表示创建的文件为A4纸张的大小，选择该选项后，宽度和高度以毫米为单位，分辨率会自动设为300像素/英寸。

选择预设中的其他选项后，"大小"选项也是可以调整的。例如，选择"Web"选项，"大小"里的选项就会有"640×480"、"800×600"、"1 024×768"等选项。"1 024×768"表示文件为屏幕分辨率，即桌面大小，此时宽度和高度以像素为单位，分辨率则为72像素/英寸。

对于预设里的大小，我们可以根据要设计制作的文件而选择不同的设置。但通常情况下我们要做印刷品或特定文件时选择"自定"选项。

⑥ 高级：单击"高级"展开按钮，界面如下图所示，可以展开隐藏的选项，其中在"颜色配置文件"下拉列表框中可以选择颜色配置文件，选择默认即可。在"像素长宽比"下拉列表框中可以选择像素的长宽比，包括"方形像素"和D1/DV NTSC（0.91）等选项。"方形像素"是系统默认的选项，D1/DV NTSC（0.91）则是视频设备拍摄图像时的像素长宽比，有些DV（数码摄像机）的像素是各种不同长宽比的长方形，而非正方形的。如果当前文件用于非视频设备，应该选择"方形像素"。

⑦ 存储预设：如果经常需要创建某一尺寸和分辨率的文件，可以在设置好自定义的文件大小和分辨率后，单击【存储预设】按钮，弹出【新建文档预设】对话框，在对话框中可以保存文件的设置，以后需要创建此设置的文件时，在"预设"下拉列表框中便可以选择该项设置。

⑧ 删除预设：用来删除"预设"选项中自定义的文件选项设置，系统提供的设置不能删除。

⓭ 【自由变换】命令和【变换】命令

　　【自由变换】和【变换】命令可以修改图像（图层、路径和矢量形状）的位置、大小、角度和形状。使用工具箱中的任意选区工具（框选工具、魔棒工具、套索工具等）选中图像后，执行【编辑】>【自由变换】命令，在选区的外边缘会出现一个有8个控制点的矩形，该矩形称为定界框，如图1-70所示。

> **提示**
> 【自由变换】命令的快捷键为【Ctrl+T】键。

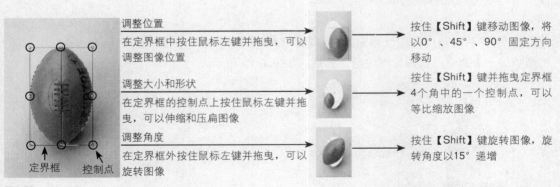

调整位置
在定界框中按住鼠标左键并拖曳，可以调整图像位置

调整大小和形状
在定界框的控制点上按住鼠标左键并拖曳，可以伸缩和压扁图像

调整角度
在定界框外按住鼠标左键并拖曳，可以旋转图像

定界框　控制点

按住【Shift】键移动图像，将以0°、45°、90°固定方向移动

按住【Shift】键并拖曳定界框4个角中的一个控制点，可以等比缩放图像

按住【Shift】键旋转图像，旋转角度以15°递增

图1-70

　　执行【编辑】>【变换】命令，弹出【变换】级联菜单，菜单中的【缩放】、【旋转】与【自由变换】命令用法一样。【斜切】、【扭曲】、【透视】和【变形】可以使图像产生变形效果。

　　① 斜切：定界框四角的控制点只能沿定界框线的固定方向平移，如图1-71所示。

> **提示**
> 在调整过程中，如果想摆脱定界框的干扰观察调整效果，按【Ctrl+H】键可以隐藏选区和定界框；对调整的效果不满意可以按【Esc】键取消调整；确认调整的效果则按【Enter】键即可。

图1-71

② 扭曲：定界框的控制点可以任意方向移动，如图 1-72 所示。

图1-72

③ 透视：控制点只能以固定方向移动，调整一个角点将影响另一个角点，使图像产生透视效果，如图 1-73 所示。

图1-73

④ 变形：是所有变换命令中最为复杂的变换命令，也是产生效果最丰富的变换命令。【变形】定界框是一个九孔网格，在定界框中的任意位置按住鼠标左键并拖曳，可以使图像产生变形，如图 1-74 所示。

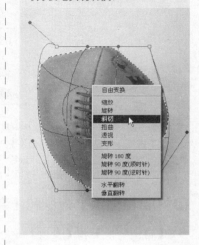

自由变换

缩放
旋转
斜切
扭曲
透视
变形

旋转 180 度
旋转 90 度(顺时针)
旋转 90 度(逆时针)

水平翻转
垂直翻转

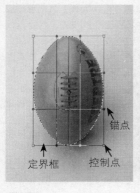

拖曳定界框内任意位置使图像变形

拖曳定界框的锚点使图像变形

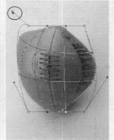

锚点

定界框　　控制点

图1-74

在变换命令组的下方有两个命令组"旋转"和"翻转"命令组，它们对图像的操作效果如图 1-75 所示。

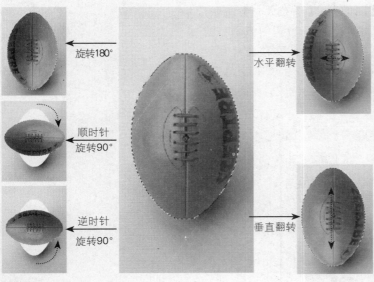

旋转180°

水平翻转

顺时针旋转90°

逆时针旋转90°

垂直翻转

图1-75

❶❹ 【图像大小】命令和【画布大小】命令

　　【图像大小】命令：执行【图像】>【图像大小】命令，在弹出的【图像大小】对话框中可以设置图像的像素、尺寸和分辨率，如图 1-76 所示。

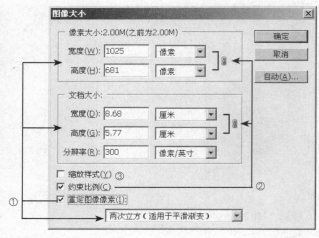

图1-76

【画布大小】命令：执行【图像】>【画布大小】命令，在弹出的【画布大小】对话框中可以重新设置图像画布的尺寸，改变"宽度"或者"高度"的数值，文档的尺寸发生变化，但是文档中的图像并没有被缩放；单击【定位】中的方块按钮可以指定图像在新画布中的位置，如图1-77所示。

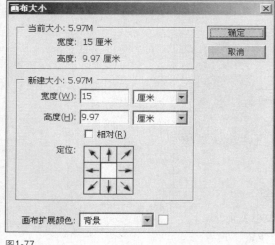

图1-77

① 勾选【重定图像像素】复选框可以添加或者减少图像的像素，在对话框下方的下拉列表框中可以选择添加、减少像素的方式；取消勾选【重定图像像素】复选框，表示图像文档大小被锁定，此时【文档大小】选项组中的宽度、高度、分辨率右侧显示被链接符链接，更改任何参数其他项目也随之改变，以保证图像的像素数量保持不变。

② 勾选【约束比例】复选框可以锁定图像的宽度、高度的比例，使其等比例缩放。

③ 勾选【缩放样式】复选框表示当图层中包含图层样式时，该样式也随之被缩放。

独立实践任务（2课时）

任务二 设计制作个性电脑桌面壁纸

➲ 任务背景和任务要求

为蓝海广告公司的电脑再设计一款电脑桌面壁纸，分辨率为1 024像素×768像素。设计要求与模拟制作任务风格一致。

➲ 任务分析

建立一个1 024像素×768像素的新文档，使用套索工具组抠选图像并复制粘贴到新文档中，调整图像大小和位置完成图像拼合。

➲ 任务素材

任务素材参见光盘素材"模块1\任务二"。

→ 任务参考效果图

02 模块

设计制作网站配图

——Photoshop工具的使用

任务参考效果图

⇨ 能力目标

1. 能使用工具编辑图像
2. 能设计网站使用的图片

⇨ 专业知识目标

了解用于网络使用的图片设置要求

⇨ 软件知识目标

1. 掌握【画笔工具】的使用
2. 掌握【渐变工具】的使用
3. 掌握其他绘图工具的使用

⇨ 课时安排

4课时（讲课2课时，实践2课时）

模拟制作任务（2课时）

任务一 网站配图的设计与制作

➡ 任务背景

旅游探险俱乐部要在新创建的网站中放置一张图片，需要设计师根据提供的素材设计一张图片。

➡ 任务要求

有视觉冲击力，画面不能太乱，适合网络传播。

➡ 任务分析

首先确定图片的像素值，本任务需要的像素为1 200像素×798像素，使用工具箱中的绘图工具对图像进行专业处理，最后输出JPG图像。

本案例的难点

创建烟雾　　　衣服除脏　　　绘制彩虹

合成蜥蜴　　　融合背景

建立新文档

01 执行【文件】>【新建】命令，在弹出的对话框中设置"名称"为"彩虹"，将"宽度"设置为"20厘米"，"高度"设置为"15厘米"，"分辨率"设置为"72像素/英寸"，"颜色模式"设置为"RGB颜色"，"背景内容"设置为"透明"，如图2-1所示。单击【确定】按钮，完成网站使用图片的设置。

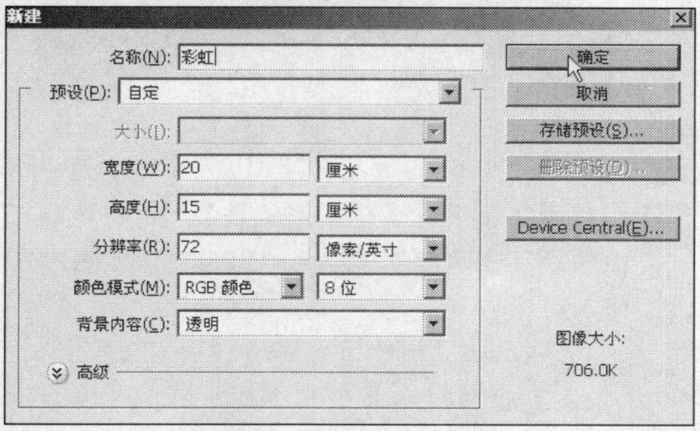

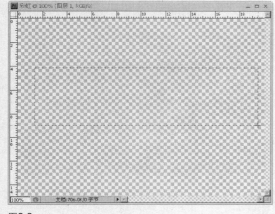

图2-1

绘制彩虹

02 选择工具箱中的【矩形选框工具】，在"彩虹"文档中按住鼠标左键并向右下方拖曳，绘制矩形选区，如图2-2所示。

图2-2

03 选择工具箱中的【渐变工具】❻，设置渐变样式为"线性渐变"，将任务栏中的"不透明度"设为"100%"，单击选项栏中的"点按可编辑渐变"图标，如图2-3所示。

图2-3

04 在弹出的【渐变编辑器】对话框中，选择"色谱"选项，如图2-4所示，单击【确定】按钮。

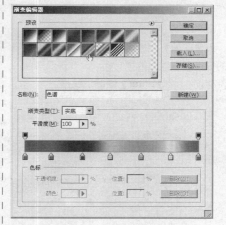

图2-4

05 在矩形选区内顶端按住【Shift】键的同时按住鼠标左键不放，并向下拖曳至矩形选区底部松开鼠标，为选区填充颜色，如图2-5所示。

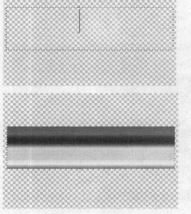

图2-5

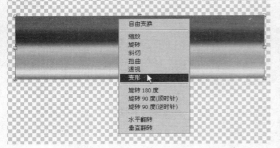

06 按【Ctrl+D】键，取消选区，再按【Ctrl+T】键，调出图像的自由变换定界框，在定界框内右击，在弹出的快捷菜单中选择【变形】命令，如图2-6所示。

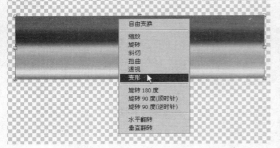

图2-6

07 此时，图像四周将会出现九格定界框，调整定界框中的锚点和定界框的控制柄，改变图像形状，如图2-7所示。按【Enter】键确认操作。

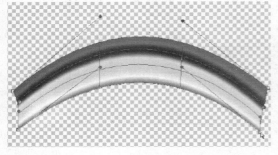

图2-7

08 执行【文件】>【打开】命令，打开素材"模块2\任务一\02a"，将工作界面切换到"彩虹"文档，选择工具箱中的【移动工具】，将鼠标指针放到彩虹图像处，按住鼠标左键不放，将其拖曳到素材"02a"中，结果如图2-8所示。

图2-8

09 按【Ctrl+T】键，调出彩虹图像的自由变换定界框，调整其大小，并放在合适位置，如图2-9所示。按【Enter】键确认操作。

图2-9

10 选择工具箱中的【橡皮擦工具】❸，将选项栏中的"不透明度"调整为"25%"，如图2-10所示。

图2-10

11 使用【[】和【]】键来调整【橡皮擦工具】的范围大小，按住鼠标左键不放，在彩虹图像上反复涂抹，直至彩虹呈现半透明效果，如图2-11所示。

图2-11

拼合图像

12 执行【文件】>【打开】命令，打开素材"模块2\任务一\02b"和"模块2\任务一\02c"，选择工具箱中的【多边形套索工具】，将素材"02c"中鳄鱼的嘴部框入选区，如图2-12所示。

图2-12

13 选择工具箱中的【移动工具】，将框入选区的鳄鱼嘴部拖曳到素材"02b"中，如图2-13所示。

图2-13

14 按【Ctrl+T】键，调出鳄鱼嘴的自由变换定界框，将图像调到适当大小并放在合适位置，将鼠标移到定界框外，当鼠标指针形状为旋转图标时，如图2-14所示。旋转定界框的角度，使其覆盖蜥蜴的嘴部，按【Enter】键确认操作。

图2-14

15 执行【窗口】>【图层】命令，调出【图层】调板，单击"图层0"使其呈蓝色显示，选择工具箱中的【橡皮擦工具】，确认选项栏中的"不透明度"为"100%"，在图像中右击，弹出设置面板，在面板中将"主直径"设置为"50px"，"硬度"设置为"0%"，如图2-15所示。

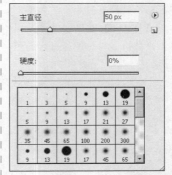

图2-15

16 按住鼠标左键，在鳄鱼嘴边缘进行涂抹，使两图像融合得更好，如图2-16所示。

图2-16

17 执行【文件】>【打开】命令，打开素材"模块2\任务一\02d"，选择工具箱中的【多边形套索工具】，将犀牛角框入选区，如图2-17所示。

图2-17

18 使用工具箱中的【移动工具】将犀牛角拖曳到文档"02b"中，再按【Ctrl+T】键调出犀牛角的自由变换定界框，并调整其大小与角度，放到合适位置，按【Enter】键确认操作。再用【橡皮擦工具】涂抹，使其与图像融合得更好，如图2-18所示。

图2-18

19 执行【文件】>【打开】命令，打开素材"模块2\任务一\02e"，选择工具箱中的【仿制图章工具】❶，在素材中人物衣服上没有图案处按住【Alt】键的同时单击鼠标左键，确定取样源，如图2-19所示。

图2-19

20 确定取样源后，在素材中人物身上有图案处涂抹。多次确定取样源，以达到将人物衣服上的图案全部去除的目的，如图2-20所示。

图2-20

21 选择工具箱中的【移动工具】，将人物拖曳到文档"02b"中，如图2-21所示。

图2-21

22 按【Ctrl+T】键，调出人物的自由变换定界框，调整其大小与角度，并放在合适位置，如图2-22所示。按【Enter】键确认操作。

图2-22

23 选择工具箱中的【橡皮擦工具】，确认选项栏中的"不透明度"为"100%"，将人物手臂的下半截涂抹掉，如图2-23所示。

图2-23

24 将选项栏中的"不透明度"调整为"30%"，在人物手臂和蜥蜴的交界处按住鼠标左键进行涂抹，使图像完美结合，如图2-24所示。

图2-24

25 执行【文件】>【新建】命令，建立一个新的文档，命名为"拼合蜥蜴"，将"宽度"设为"20厘米"，"高度"设为"15厘米"，将"分辨率"设为"350像素/英寸"，"背景内容"设为"透明"，如图2-25所示。单击【确定】按钮。

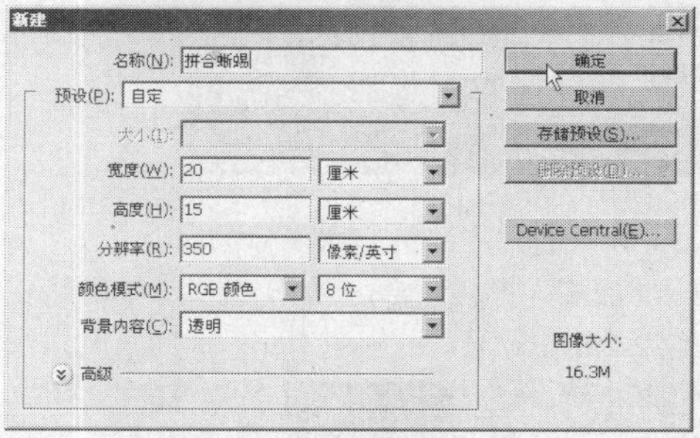

图2-25

26 将工作界面切换到文档"02b"，按【Ctrl+A】键，再执行【编辑】>【合并拷贝】命令，如图2-26所示。

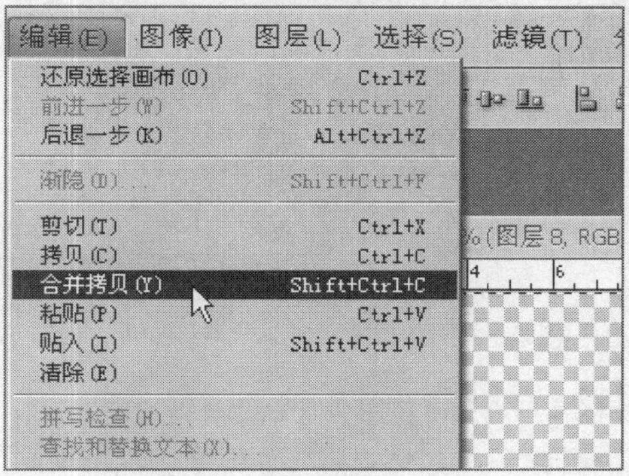

图2-26

27 将工作界面切换到文档"拼合蜥蜴"，按【Ctrl+V】键，将图像粘贴到文档中，如图2-27所示。

图2-27

28 选择工具箱中的【加深工具】⑤，在选项栏中单击"范围"右侧的下三角按钮，在弹出的下拉菜单中选择"高光"选项，将"曝光度"调整为"50%"，如图2-28所示。

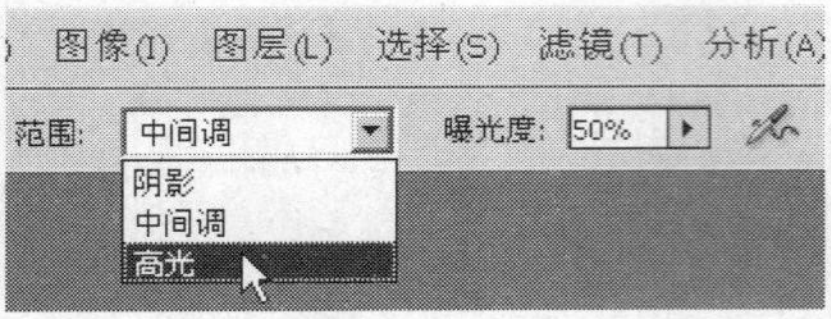

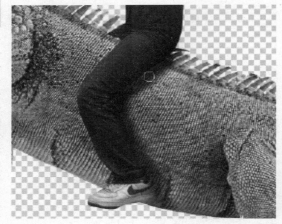

图2-28

29 在人物腿部与蜥蜴贴合处涂抹，为其添加阴影，如图2-29所示。

图2-29

30 按【Ctrl+A】键将图像全选，执行【编辑】>【合并拷贝】命令，将工作界面切换到文档"02a"，按【Ctrl+V】键，将图像粘贴到文档"02a"中，如图2-30所示。

图2-30

31 按【Ctrl+T】键，调出图像的自由变换定界框，调整图像的大小和角度，并放在合适位置，按【Enter】键确认操作，如图2-31所示。

图2-31

32 选择工具箱中的【橡皮擦工具】，在蜥蜴的尾部进行涂抹，将蜥蜴尾部去除，并调节选项栏中的"不透明度"，反复涂抹，使其与图像融合得更为自然，如图2-32所示。

图2-32

33 按【Ctrl+V】键，再次粘入拼合好的蜥蜴，如图2-33所示。

图2-33

34 按【Ctrl+T】键，调出图像的自由变换定界框，调整其大小，并移动到合适位置，如图2-34所示。按【Enter】键确认操作。

图2-34

35 选择工具箱中的【橡皮擦工具】，用同样的方法进行涂抹，去除蜥蜴的身子及人物，并调整"不透明度"，使蜥蜴剩下的尾部与图像融合得更为自然，如图2-35所示。

图2-35

36 执行【文件】>【打开】命令，打开素材"模块2\任务一\02f"，如图2-36所示。

图2-36

37 选择工具箱中的【移动工具】，将素材"02f"中的水花拖曳到文档"02a"中，并移动到合适位置，如图2-37所示。

图2-37

绘制烟雾

38 执行【文件】>【新建】命令，新建一个文档，将其命名为"烟雾"，"宽度"设为"15厘米"，"高度"设为"10厘米"，将"分辨率"设为"72像素/英寸"，"背景内容"设为"透明"，如图2-38所示。单击【确定】按钮确认操作。

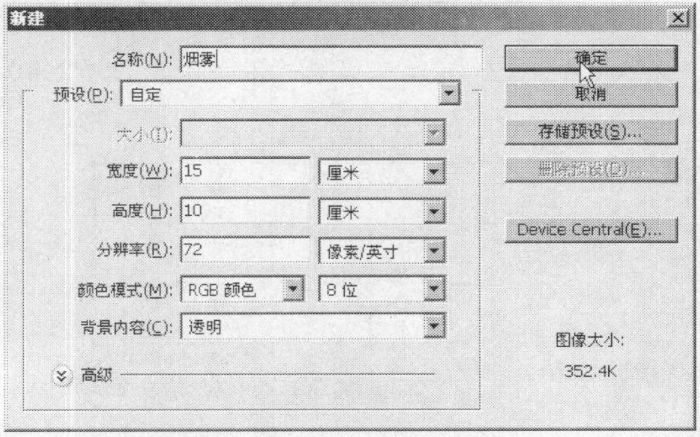

图2-38

39 在工具箱中将"前景色"设置为"白色"，选择工具箱中的【画笔工具】❷，执行【窗口】>【画笔】命令，弹出【画笔】调板，如图2-39所示。

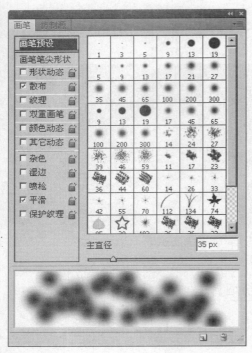

图2-39

40 选择"画笔笔尖形状"选项，进行参数设置，
将"直径"设为"35px"，"角度"设为"0
度"，"圆度"设为"100%"，"硬度"设为
"0%"，"间距"设为"26%"，如图2-40
所示。

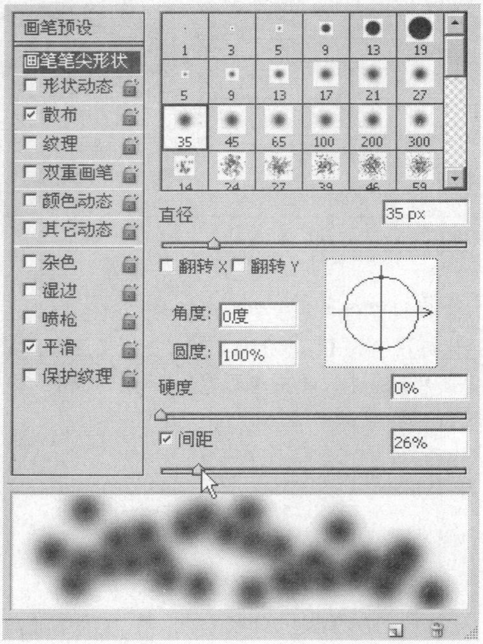

图2-40

41 选择"散布"选项，进行参数设置，将"散布"
设为"268%"，"数量"设为"1"，"数量抖
动"设为"0%"，如图2-41所示。

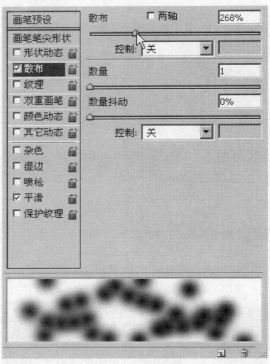

图2-41

42 用画笔在文档"烟雾"中绘制出一条散点线段，
如图2-42所示。

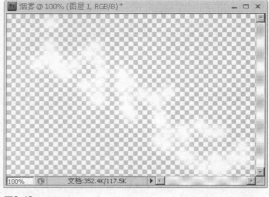

图2-42

43 选择工具箱中的【涂抹工具】❹，在散点线段右
下侧处按住鼠标左键向左上侧拖曳，松开鼠标，
反复执行此类操作，使该线段形成一种雾化效
果，如图2-43所示。

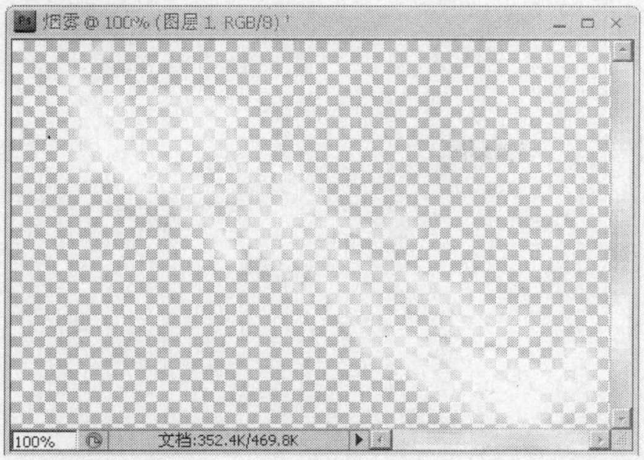

图2-43

44 选择工具箱中的【移动工具】，将所形成的雾化效果的散点线段拖曳至文档"02a"中，并按【Ctrl+T】键，调出自由变换定界框，将图像调整到适当大小，并放在合适位置，如图2-44所示。按【Enter】键确认操作。

图2-44

45 选择工具箱中的【橡皮擦工具】，对雾化状的散点线段进行涂抹，并适当调整选项栏中的"不透明度"选项，使其与图像融合得更为自然，如图2-45所示。

图2-45

46 按【Ctrl+A】键，将图像全部选中。执行【编辑】>【合并拷贝】命令，如图2-46所示。

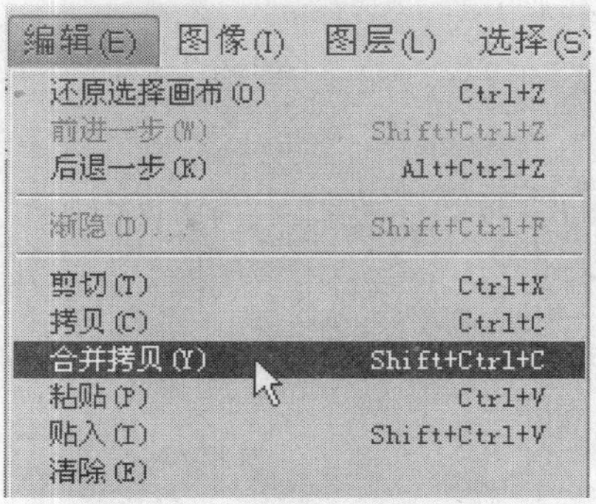

编辑(E)	图像(I)	图层(L)	选择(S)
还原选择画布 (O)			Ctrl+Z
前进一步 (W)			Shift+Ctrl+Z
后退一步 (K)			Alt+Ctrl+Z
渐隐 (D)...			Shift+Ctrl+F
剪切 (T)			Ctrl+X
拷贝 (C)			Ctrl+C
合并拷贝 (Y)			Shift+Ctrl+C
粘贴 (P)			Ctrl+V
贴入 (I)			Shift+Ctrl+V
清除 (E)			

图2-46

47 执行【文件】>【新建】命令，新建一个文档，将其命名为"奇幻之旅"，将"宽度"设为"10.16厘米"，"高度"设为"6.76厘米"，"分辨率"设为"300像素/英寸"，"颜色模式"设为"RGB颜色"，"背景内容"设为"白色"，如图2-47所示。单击【确定】按钮确认操作。

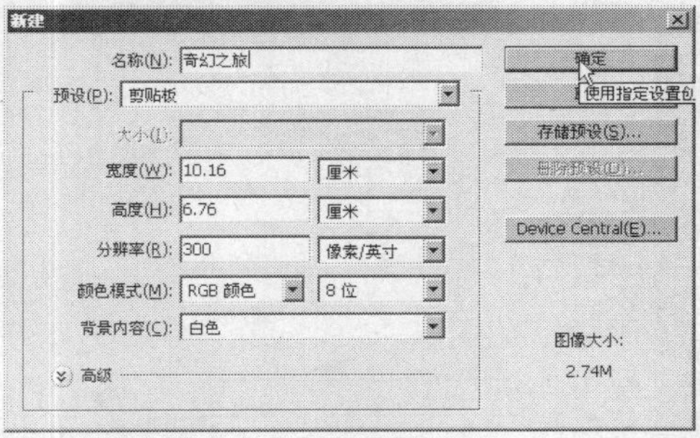

图2-47

48 按【Ctrl+V】键，将图像粘贴到新建文档中，如图2-48所示。

图2-48

49 选择工具箱中的【加深工具】，在蜥蜴身体下面部位进行涂抹，为图像添加阴影效果，使图像融合得更为自然，如图2-49所示。

图2-49

50 执行【文件】>【存储为】命令，弹出【存储为】对话框，单击"格式"右侧的下三角按钮，在弹出的下拉菜单中选择"JPEG"格式，单击【保存】按钮，如图2-50所示。

图2-50

知识点拓展

❶ 图章工具组

图章工具组包括【仿制图章工具】和【图案图章工具】。

【仿制图章工具】通过复制"源"图像（也称为"仿制源"）的像素来替换"目标"图像像素。因此使用【仿制图章工具】先要确定复制的"源"，然后开始复制操作。"仿制源"有两种，一种是同一文档的"源"，另一种是不同文档的"源"。

同一文档的"源"操作示意如图 2-51 所示。

① 确定"仿制源"：选择【仿制图章工具】后，按住【Alt】键并在图像中的"仿制源"上单击鼠标左键　② 复制"仿制源"到"目标"位置：松开【Alt】键和鼠标，在图像中的"目标"处按住鼠标左键并拖曳涂抹，直到"源"图像都复制到"目标"中　③ 得到效果

"仿制源"　"目标"位置　"仿制源"

图2-51

不同文档的"源"操作示意如图 2-52 所示。需要注意的是，只有使用同样的颜色模式才能进行此操作。

① 确定"仿制源"：选择【仿制图章工具】后，按住【Alt】键并在一个文档中的"仿制源"上单击鼠标左键

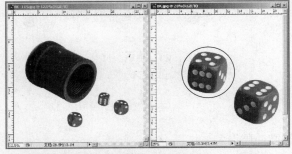

② 复制"仿制源"到"目标"文档：松开【Alt】键和鼠标，在另一个文档上的"目标"区域按住鼠标左键并拖曳涂抹，直到"源"图像都复制到"目标"中

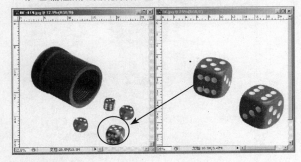

图2-52

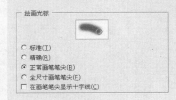

提示

【仿制图章工具】的光标默认显示为 ，为了能清楚地看到该工具的作用区域，通常将光标修改为区域显示方式。

执行【编辑】>【首选项】>【光标】命令，在弹出的对话框中选中"绘画光标"选项组中的"正常画笔笔尖"单选按钮，单击【确定】按钮完成设置。

提示

没有选择"仿制源"时，在图像中单击鼠标左键将弹出警告对话框。

提示

【仿制图章工具】也是修补人脸上小瑕疵的一个很好的工具。

选择工具箱中的【仿制图章工具】之后，选项栏变为该工具选项栏，如图 2-53 所示。

选择颜色的混合模式，相关知识查阅图层章节

用于控制复制"仿制源"到目标的选择程度，直观的效果为取值越低颜色越淡

单击"喷枪"图标后，在文档中按住鼠标左键不动，颜色将在此处堆积

如果文档包含了多个图层，在此处可以设置使用某个图层的内容作为"仿制源"，图层知识查阅图层章节

单击"画笔"下三角按钮，在展开的下拉菜单中可以选择图章的笔尖形状、笔尖大小和笔尖的软硬程度

勾选此复选框，"仿制源"与"目标"的相对位置将被固定。取消勾选此复选框，进行第二次仿制操作时，"仿制源"确定点返回到第一次确定的"源"点

数值越大，笔尖的直径也越大

数值越大，笔尖硬度也越大，绘制的图像边缘轮廓越清晰

0%   50%   100%

在工具箱中选择【画笔工具】之后，在图像文档中右击，在弹出的面板中也可以设置笔尖类型

☑对齐   ☐对齐

设置好"仿制源"点，复制出一个图像，然后松开鼠标

设置好"仿制源"点，复制出一个图像，然后松开鼠标

按住鼠标左键进行第二次操作，可以看到"仿制源"与"目标"的位置被固定

按住鼠标左键进行第二次操作，可以看到"仿制源"返回到第一次建立的设置点处

图2-53

【图案图章工具】相对于【仿制图章工具】则简单得多，在实际工作中也很少能用到。选择【图案图章工具】之后，选项栏为该工具选项栏，如图 2-54 所示。

单击"图案"的下三角按钮，在展开的下拉菜单中选择需要绘制的图案

勾选此复选框可以使填充的图案产生虚化效果

在此控制图案的填充方式

图2-54

提示

要调整笔尖的大小，在输入法为英文状态下，按【[】键将笔尖大小调小，按【]】键可以将笔尖大小调大。

提示："对齐"复选框

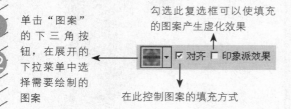

☐对齐   ☑对齐

取消勾选【对齐】复选框，反复绘制时，可以产生随机的图案

勾选【对齐】复选框，反复绘制时，可以产生有规律的图案

❷ 画笔工具组

　　画笔工具组包括【颜色替换工具】、【铅笔工具】和【画笔工具】3 种。【颜色替换工具】可以使用前景色替换图像中的特定颜色，【铅笔工具】可以绘制出硬边的线条，这两个工具在实际工作中很少用到。

　　【画笔工具】是画笔工具组中最常用到的工具，【画笔工具】可以创建虚边的线条。选中【画笔工具】，在文档中按住鼠标左键并拖曳到合适的位置松开鼠标，完成线条绘制，可以看到使用【画笔工具】并不能精确地控制鼠标，从而绘制出美丽的线条或图案，因此在实际工作中该工具常常用于绘制蒙版，如图 2-55 所示。

图2-55

　　选中【画笔工具】之后，选项栏变成【画笔工具】选项栏，【画笔工具】选项栏与【仿制图章工具】选项栏相似，如图 2-56 所示。

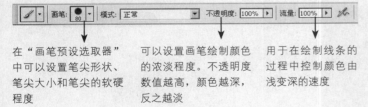

在"画笔预设选取器"中可以设置笔尖形状、笔尖大小和笔尖的软硬程度

可以设置画笔绘制颜色的浓淡程度。不透明度数值越高，颜色越深，反之越淡

用于在绘制线条的过程中控制颜色由浅变深的速度

图2-56

　　使用选项栏可以简单设置画笔笔刷属性，Photoshop 提供的【画笔】调板可以对画笔笔刷进行更为复杂的设置。执行【窗口】>【画笔】命令，弹出【画笔】调板，调板被大致分成 3 个区：项目区、目标区和预览区，如图 2-57 所示。

🖙 提示

【画笔工具】绘制线条由多个墨点组成，其颜色由工具箱中的前景色决定。

🖙 提示

按住【Shift】键的同时使用【画笔工具】可以绘制出0°和90°固定角度的线条。

🖙 提示

单击"画笔预设选取器"中右上角的下三角按钮，弹出画笔设置面板，单击"主直径"右侧的三角按钮，弹出下拉菜单，"载入画笔"可以将第三方的笔刷载入面板中；"存储存画笔"可以将设置好的画笔笔刷存储起来以备后用，菜单最下栏列出了载入的第三方画笔笔刷；倒数第二栏列出了软件自带的一些艺术笔刷。

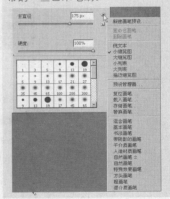

项目区：笔刷各种设置项目分列其中，如【画笔预设】、【画笔笔尖形状】、【形状动态】等。单击其中项目栏可以选择该项目，勾选项目名称前的复选框可以显示该项目产生的效果，单击项目名称后的小锁图标可以锁定或者解锁该项目

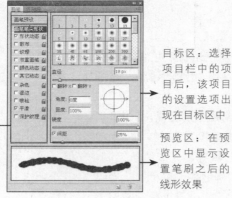

目标区：选择项目栏中的项目后，该项目的设置选项出现在目标区中

预览区：在预览区中显示设置笔刷之后的线形效果

图2-57

（1）画笔预设

【画笔预设】是项目区中的第一个项目，单击以选中该项目，目标区的笔刷库中将显示多种笔刷效果，单击其中的一个笔刷可以选中该笔刷，拖曳"主直径"的滑块可以设置该笔刷的笔尖大小，如图 2-58 所示。

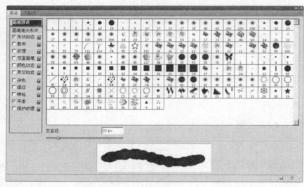

图2-58

（2）画笔笔尖形状

使用【画笔笔尖形状】可以对画笔的笔尖和线条效果进行多种效果的设置，例如将笔尖设置为椭圆形，将线条效果设置为虚线形状，如图 2-59 所示。

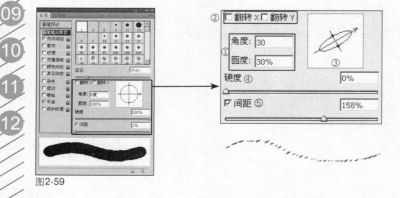

图2-59

提示：关于硬度

画笔绘制中的"硬度"表示笔刷的虚化程度，其参数用百分比表示，"硬度"设置的百分比参数可以指定从笔刷中心多少距离开始产生虚化效果。

如"0%"表示从墨点笔刷中心开始向外产生虚化，"50%"表示墨点从笔刷半径一半处开始向外产生虚化。

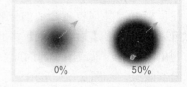

0%   50%

提示

"主直径"参数越大，绘制的线条越粗。

① 在"圆度"设置栏中输入小于100%的百分比可以将笔刷设置为椭圆形，"角度"用于设置椭圆形的旋转角度。

② 勾选【翻转X】或【翻转Y】复选框可以将椭圆形进行水平或垂直翻转。

③ 设置好的形状将在这个预览区中显示。

④ 拖曳"硬度"滑块可以调整笔刷的软硬程度。数值越小，笔刷硬度越低，笔刷边缘虚化效果越明显。

⑤ 拖曳"间距"滑块可以调整点与点之间的距离。数值越大，绘制的线条点间距越大。

（3）形状动态

【形状动态】是在绘制线条时随着鼠标的移动不断调整笔刷形状的选项，使绘制的线条出现一种抖动效果，如图 2-60 所示。

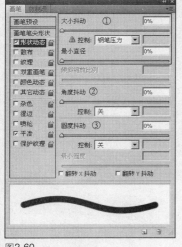

图2-60

① "大小抖动"用于控制在绘制线条时不断改变笔刷大小，数值越大，改变程度越大。"控制"下拉菜单中的"渐隐"选项，用于控制线条由粗变细直至消失的快慢程度，其他选项为光电笔专用选项。"最小直径"用于中和上述两个设置的变化程度。

② "角度抖动"指在绘制线条时，可以随机改变笔刷角度。

③ "圆度抖动"可以调整笔刷产生椭圆形效果的程度。

（4）散布

【散布】可以使绘制的线条呈现一种发散的效果，例如，可以使用它来绘制天空的星云，如图 2-61 所示。

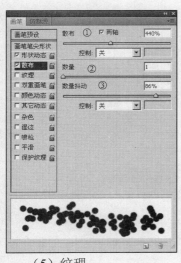

① "散布"可以设置使墨点沿上下分布，勾选【两轴】复选框可以使墨点在各个方向分布。

② "数量"可以设置散布墨点的数量。

③ "数量抖动"根据墨点间距随机设置散布墨点的数量。

（5）纹理

【纹理】可以为线条添加纹理效果，如图 2-62 所示。

图2-62

① 在图案库中可以选择需要添加的图案，勾选【反相】复选框，可以颠倒图像颜色。

② 拖曳"缩放"的滑块可以调整图案在线条中的大小，勾选【为每个笔尖设置纹理】复选框可以使每个墨点添加同样的图案。

③ 在"模式"中可以设置图案与线条颜色的混合模式。

④ 拖曳"深度"滑块可以设置图案渗入线条的程度；对"最小深度"和"深度抖动"这两项，只有勾选了【为每个笔尖设置纹理】复选框才处于可编辑状态，"最小深度"用于设置图案和墨点最小的混合量，"深度抖动"用于控制混合量的变化程度。

（6）双重画笔

【双重画笔】可以绘制出两种笔刷效果的线条，这两种笔刷一个称为"主笔刷"，另一个称为"副笔刷"。在设置【双重画笔】选项之前需要先设置好"主笔刷"的笔刷样式，然后再激活【双重画笔】选项进行相关设置，如图2-63所示。

先设置好"主笔刷"　　单击【双重画笔】选项，　可以看到线条显示
　　　　　　　　　　设置好"副笔刷"　　　为："主笔刷"轮
　　　　　　　　　　　　　　　　　　　　廓被保留，墨点被
　　　　　　　　　　　　　　　　　　　　"副笔刷"笔刷形
　　　　　　　　　　　　　　　　　　　　状替换掉

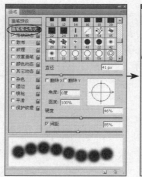 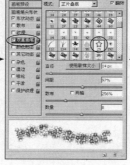 

图2-63

【双重画笔】选项中的设置内容与其他选项一样，参考其他的选项描述。

（7）动态颜色和其他动态

【动态颜色】可以用来设置线条墨点的颜色变化，【其他动态】主要用于设置线条的不透明度和流量变化，如图2-64所示。

图2-64

❸ 橡皮擦工具组

橡皮擦工具组包含 3 个工具，即【橡皮擦工具】、【背景橡皮擦工具】和【魔术橡皮擦工具】。背景层和锁定的图层使用【橡皮擦工具】涂抹，将以背景色替换掉涂抹区；普通图层使用【橡皮擦工具】涂抹，涂抹区将显示为透明。

在工具箱中选择【橡皮擦工具】，在文档的背景层图像中单击鼠标左键，此处的图像将被涂抹掉并显示为背景色，如图 2-65 所示。

图2-65

在文档的普通层图像中按住鼠标左键并拖曳，此处的图像被涂抹掉并显示为透明，如图 2-66 所示。

图2-66

🔘 **提示**

【动态颜色】设置的内容在预览区不能显示。

☀ **知识：选项栏中的其他选项**

【杂色】可以在线条边缘添加杂色；【湿边】可以使线条产生墨点润开的效果；勾选【喷枪】复选框，在绘制线条时停顿处将产生墨点淤积的效果；【平滑】可以产生较平滑的曲线；【保护纹理】可以使具有纹理的画笔预设应用相同的图案和比例。

🔘 **提示**

图层知识请参阅模块06。

🔘 **提示**

使用【橡皮擦工具】选项栏"模式"中的"画笔"可以涂抹出柔和的边缘，"铅笔"则创建边界明显的硬边缘，"块"将使用矩形笔尖进行涂抹。

【背景橡皮擦工具】可以将图像背景涂抹成透明区域，在背景和前景颜色反差较大并且背景颜色比较单一的时候作用比较明显。在文档的背景处按住鼠标左键（此时该像素点被设置为取样点），反复拖曳涂抹，与取样点相似的像素被涂抹掉，于是图像的背景显示为透明，如图 2-67 所示。

提示：【背景橡皮擦工具】的选项栏

可以在涂抹过程中连续取样。

以第一点作为取样点。

以背景色作为取样参考。

"限制"中的"连续"选项表示可涂抹掉连接区域的取样颜色；"不连续"表示涂抹掉任意位置的取样颜色；"查找边缘"保证前景与背景的交界处不产生强烈的虚化效果。

图2-67

【魔术橡皮擦工具】相当于【魔棒工具】加上【橡皮擦工具】的一个组合工具，使用【魔术橡皮擦工具】在图像上单击鼠标左键，可以将相似像素全部涂抹成透明区域，如图 2-68 所示。

图2-68

提示

在实际工作中由于【背景橡皮擦工具】和【魔术橡皮擦工具】效果不佳，所以很少用到。

❹ 融合工具组

融合工具组包含 3 个工具：【模糊工具】、【锐化工具】和【涂抹工具】，该组工具可以修改局部图像像素之间融合的效果。【模糊工具】用于降低相邻像素的反差，以获得模糊的效果。在图像中按住鼠标左键并拖曳，可以看到作用的区域图像变模糊，如图 2-69 所示。

图2-69

　　【涂抹工具】可以使工具作用区域相邻的像素之间产生融合叠加的效果。使用【涂抹工具】在图像上按住鼠标左键并拖曳，可以得到类似手指涂抹颜色的效果，如图 2-70 所示。

图2-70

❺ 调色工具组

　　调色工具组包含 3 个工具：【减淡工具】、【加深工具】和【海绵工具】，该组工具可以修改局部图像像素的颜色。【减淡工具】和【加深工具】可以分别使图像变亮和变暗，如图 2-71 所示。

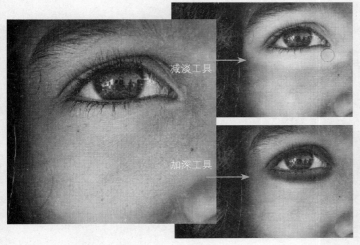

减淡工具

加深工具

图2-71

提示

【模糊工具】选项栏中的"强度"用于设置模糊的程度。数值越高，模糊程度越大。

强度：100% ▶

知识

【锐化工具】与【模糊工具】作用相反，【锐化工具】通过增加像素的反差来得到一种锐化的效果。由于【锐化工具】与【模糊工具】难以操作控制，在实际工作中也很少使用到。

提示

在【涂抹工具】选项栏中勾选"手指绘画"复选框，可以将前景色在涂抹区与其他颜色融合。

☑ 手指绘画

知识

在【减淡工具】与【加深工具】选项栏的"范围"中可以选择色调范围。图像中明亮的区域称为"高光"，灰暗的区域称为"阴影"，其他区域称为"中间调"，关于色调知识请查阅色彩调整章节（见模块03）。

知识

【海绵工具】可以调整图像的饱和度。选项栏中"模式"的"降低饱和度"可去色，"增加饱和度"可加色。

降低饱和度

增加饱和度

❻ 填色工具组

填色工具组有两个工具：【渐变工具】和【油漆桶工具】，填色工具可以对图像填充某些颜色。

一种颜色向另外一种颜色均匀过渡称为渐变，【渐变工具】也是最常用到的工具之一。选择【渐变工具】，在文档中按住鼠标左键并拖曳，即可建立一个最简单的渐变。默认情况下，预设渐变为前景色到背景色，如图 2-72 所示。

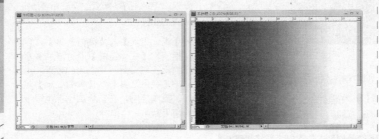

图2-72

通过设置【渐变工具】选项栏可以得到更加复杂的渐变效果，如图 2-73 所示。

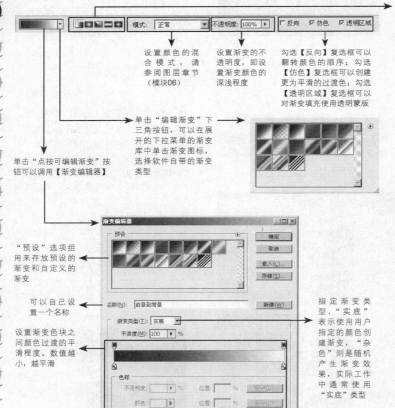

设置渐变方式：在【渐变】工具属性栏中，包括5种形式的渐变。

【线性渐变】

【径向渐变】

【角度渐变】

【对称渐变】

【菱形渐变】

设置颜色的混合模式，请参阅图层章节（模块06）

设置渐变的不透明度，即设置渐变颜色的深浅程度

勾选【反向】复选框可以翻转颜色的顺序；勾选【仿色】复选框可以创建更为平滑的过渡色；勾选【透明区域】复选框可以对渐变填充使用透明蒙版

单击"编辑渐变"下三角按钮，可以在展开的下拉菜单的渐变库中单击渐变图标，选择软件自带的渐变类型

单击"点按可编辑渐变"按钮可以调用【渐变编辑器】

"预设"选项组用来存放预设的渐变和自定义的渐变

可以自己设置一个名称

设置渐变色块之间颜色过渡的平滑程度。数值越小，越平滑

指定渐变类型，"实底"表示使用用户指定的颜色创建渐变，"杂色"则是随机产生渐变效果，实际工作中通常使用"实底"类型

图2-73

单击【渐变编辑器】对话框中渐变条上左侧下方的"色标"滑标，然后单击"颜色"的"色块"图标，在弹出的【选择色标颜色】对话框中设置颜色，单击【确定】按钮，如图2-74所示。

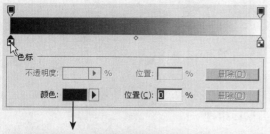

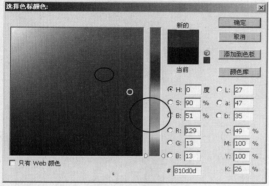

图2-74

"色标"图标颜色改变的是在"拾色器"中设置的颜色，渐变条也发生颜色的相应改变，在左侧色块上按住鼠标左键并向右拖曳，到合适位置松开鼠标，渐变的起始点位置被调整，如图 2-75 所示。

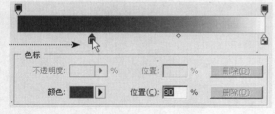

图2-75

单击渐变条左侧上方的"不透明度色标"滑标，在"不透明度"设置栏中输入参数"50"，修改左侧色标的不透明度，如图 2-76 所示。

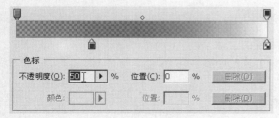

图2-76

知识："杂色"渐变类型

"杂色"可以产生一个随机的渐变，在"粗糙度"中设置颜色的过渡粗糙程度，在"颜色模型"选项组中可以选择"ＲＧＢ"、"ＨＳＢ"、"ＬＡＢ"3种类型，然后在设置滑块中拖曳滑块来修改渐变的颜色；勾选【限制颜色】复选框可以将颜色色值减去一半，勾选【增加透明度】复选框，渐变条被设置为"50%"的透明度。

知识：拾色器

拾色器主要用于创建前景色、背景色和渐变颜色。在【选择色标颜色】的拾色器对话框中左侧是颜色区，将鼠标移动到颜色区中单击鼠标左键可以吸取颜色，也可以在右侧的设置区中通过设置数值来定义颜色。需要注意的是在设置区设置颜色时，最好根据图像的颜色模式来确定设置类型，如RGB颜色模式的图像在"RGB"设置栏中设置数值。

提示

渐变条上滑块之间的菱形图标表示两滑标的中点。

在渐变条右侧上方的"不透明度色标"滑标上按住鼠标左键向左拖曳到合适位置松开鼠标,如图 2-77 所示。

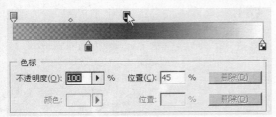

图2-77

将鼠标移动到渐变条下方的两个色标之间,当鼠标指针变成抓手形状,单击鼠标左键,如图 2-78 所示。

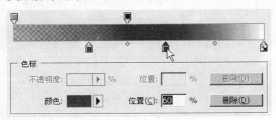

图2-78

单击【确定】按钮,即可完成一个渐变设置,如图 2-79 所示。

图2-79

❶ 补充知识点:修复工具组

使用【仿制图章工具】来修整图像,修补的区域由于像素的色彩和色调不同,很难融合得很好,使用修复工具组中的工具可以很好地解决这个难题。

修复工具组中有 4 个工具,分别是【污点修复画笔工具】、【修复画笔工具】、【修补工具】和【红眼工具】,如图 2-80 所示。

☀ 知识:油漆桶工具

【油漆桶工具】可以对图像中相似的颜色重新使用前景色进行填充。

图2-80

【污点修复画笔工具】使用非常简单，选择该工具，在图像需要修整处按住鼠标左键涂抹，即可完成修整工作，如图 2-81 所示。

图2-81

【修复画笔工具】与【仿制图章工具】相似，都需要建立取样点。按住【Alt】键在取样点上单击，松开【Alt】键和鼠标，再按住鼠标左键在修整处反复涂抹，松开鼠标，即可完成修整工作，如图 2-82 所示。

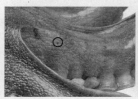

图2-82

【修补工具】与【污点修复画笔工具】及【修复画笔工具】的操作方式基本相同，使用【修补工具】在图像上需要修整的区域按住鼠标左键绘制出一个选区，然后在选区中按住鼠标左键拖曳到相近的区域，松开鼠标，即可完成修整工作，如图 2-83 所示。

图2-83

默认情况下【修补工具】选项栏的"源"为选中状态，"源"为选中状态时框选区域为修整区域，当"目标"为选中状态时，框选区域为取样区域，如图 2-84 所示。

图2-84

此处需要修整

提示

红眼工具可以用来消除拍照时产生的红眼现象。该工具只能对RGB颜色模式的图像产生作用。使用该工具框选红眼，然后松开鼠标即可完成操作。

Photoshop InDesign

独立实践任务（2课时）

任务二　修整人脸瑕疵

➡ 任务背景和任务要求

　　修整人像是实际工作中最常见的操作，本任务需要将一张照片人脸上的瑕疵修整干净。

➡ 任务分析

　　使用图章工具和修复工具对瑕疵部位进行修复。

➡ 任务素材　　　　　　　　　　　➡ 任务参考效果图

　　任务素材参见光盘素材"模块2\任务二"。

任务三　　为网站设计配图

➡ 任务背景和任务要求

　　某企业网站需要设计师设计一张图片作为网站首页，要求在夜空中出现文字状的星星。

➡ 任务分析

　　使用【画笔】调板设置笔刷形状，然后在图像中涂抹出文字形状。

➡ 任务素材　　　　　　　　　　　➡ 任务参考效果图

　　任务素材参见光盘素材"模块2\任务三"。

03 模块

设计制作Jeep汽车写真作品
——复杂选区的抠选

任务参考效果图

Jeep指南者
娱乐城市的超级装备
Jeep

能力目标

1. 能使用色彩范围命令抠选背景单一但轮廓不清晰的图像，如天空

2. 能使用钢笔工具抠选背景复杂但轮廓清晰的图像，如楼房

3. 能使用新建命令建立合格的、符合写真输出要求的文件

专业知识目标

了解喷绘、写真作品的设计常识

软件知识目标

1. 掌握钢笔工具的使用方法
2. 掌握色彩范围的操作方法
3. 掌握新建写真文件的设置方法

课时安排

4课时（讲课2课时，实践2课时）

模拟制作任务（2课时）

任务一　Jeep汽车写真作品的设计与制作

➡ 任务背景

某Jeep汽车公司为推广其新款越野车"指南者"，需要设计制作一款放置在写字楼灯箱中的招贴广告。

➡ 任务要求

Jeep素有"无往不至，无所不能"的美誉，因此关于"指南者"的招贴广告设计风格要体现这一理念。

要求广告画面的主体图像使用Jeep汽车公司提供的"指南者"照片，设计师可以根据设计需求自行选择其他背景图案。

灯箱画面尺寸：1 600mm×1 200mm

➡ 任务分析

在开始设计之前一定要将尺寸计算好。此广告采用喷绘写真❶方式，成品尺寸为1 600mm×1 200mm，所以在Photoshop中设置写真的宽、高尺寸分别为1 600mm和1 200mm。

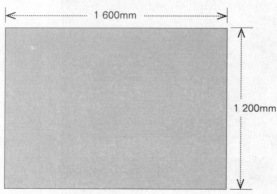

灯箱画面尺寸

➡ 图像设计分析

本写真设计需要将楼房、公路、地面使用【钢笔工具】❸抠选出来，白云使用【色彩范围】❻抠选出来，"指南者"汽车使用【魔棒工具】抠选出来并融合到背景中。

本案例的难点

抠选天空中的云彩

使用钢笔工具抠选图像

制作路面效果

操作步骤详解

制作陀螺形楼塔

1 执行【文件】>【新建】命令，弹出【新建】对话框。在弹出的对话框中设置“宽度”为“1600毫米”，“高度”为“1200毫米”，“分辨率”为“72像素/英寸”，“颜色模式”为“RGB颜色”，“背景内容”为“透明”，单击【确定】按钮，即可新建一个文件，如图3-1所示。

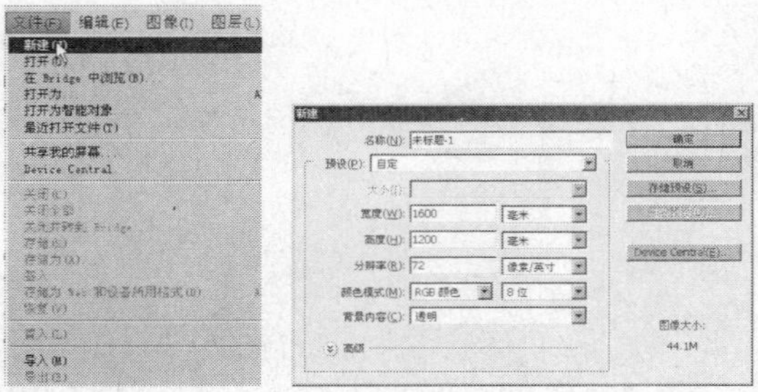

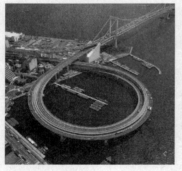

图3-1

2 执行【文件】>【打开】命令，打开素材“模块3\任务一\jeep-gl”，如图3-2所示。

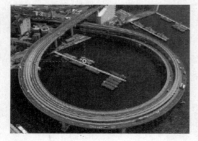

图3-2

3 选择工具箱中的【缩放工具】，在素材图像公路的拐点上方按住鼠标左键，拖曳鼠标至合适位置，如图3-3所示，将此范围的图像放大。

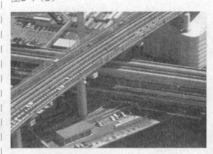

图3-3

4 选择工具箱中的【钢笔工具】❸，单击工具选项栏中的【路径】按钮，如图3-4（a）所示。在图像公路交叉处单击鼠标左键，如图3-4（b）所示。

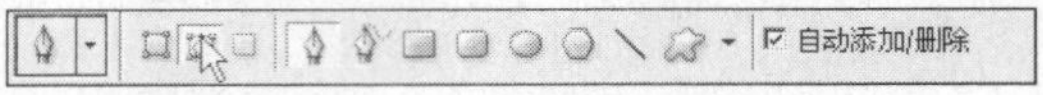

图3-4（a）

图3-4（b）

5 沿公路的边缘移动鼠标指针至第二根柱子的位置处，然后按住鼠标左键不放，向左下方拖曳鼠标至路径❷与公路的边缘重合且调节线与公路的边缘形成切线，松开鼠标，如图3-5所示。

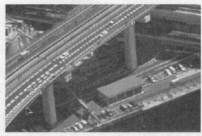

图3-5

6 继续沿公路的边缘移动鼠标指针至公路的拐弯处，按住鼠标左键不放，拖曳至路径与公路的边缘重合，且调节线与公路的边缘形成切线，松开鼠标，如图3-6所示。

图3-6

01 02 03 04 05 06 07 08 09 10 11 12

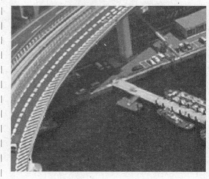

7 继续沿公路的边缘移动鼠标指针，在公路拐过弯的位置按住鼠标左键不放，拖曳至路径与公路的边缘重合后松开鼠标，如图3-7所示。

图3-7

8 继续沿公路的边缘移动鼠标指针，在公路的拐弯处按住鼠标左键不放，拖曳至路径与公路的边缘重合后松开鼠标，如图3-8所示。

图3-8

9 按以上方法继续在公路的边缘打点，至第一点打下的柱子的位置处只单击鼠标左键，不拖曳调节线，如图3-9所示。

图3-9

10 将鼠标指针移动至第一点处，可以看到鼠标指针由 🔾 变成了 🔾。形状，单击鼠标左键，路径闭合，如图3-10所示。

图3-10

11 在两条路的交叉点处单击鼠标左键，如图3-11所示。

图3-11

12 沿公路的边缘移动鼠标指针至公路拐弯处之前再单击鼠标左键，如图3-12所示。

图3-12

⓭ 将鼠标指针移动至公路的拐弯处，按住鼠标左键不放并拖曳鼠标至路径与公路的边缘重合，且调节线与公路的路径呈切线，如图3-13所示。

图3-13

⓮ 按以上方法继续在公路的边缘打点，直到路径闭合，如图3-14所示。

图3-14

⓯ 执行【窗口】>【路径】命令，打开【路径】调板❺，如图3-15所示。

图3-15

⓰ 将鼠标指针移至【路径】调板的"工作路径"上，按住【Ctrl】键的同时单击鼠标左键，将路径转换为选区，如图3-16所示。

图3-16

⓱ 选择工具箱中的【移动工具】，在选区内按住鼠标左键不放，拖曳鼠标至"未标题1"文档内，松开鼠标，如图3-17所示。

图3-17

⓲ 按【Ctrl+T】键，图像上会出现一个自由变换定界框，如图3-18所示。

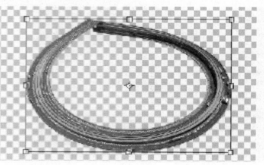

图3-18

19 将鼠标指针移动至下方中间的调节点处按住鼠标左键不放，向上拖曳鼠标直至感觉公路是平放的，如图3-19所示。

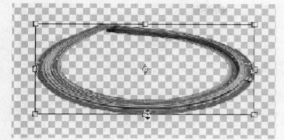

图3-19

20 将鼠标指针移动至定界框右上侧的调节点外，当鼠标指针变成↔形状时，按住鼠标左键不放，向下拖曳鼠标使图像倾斜，如图3-20（a）所示。当倾斜角度合适后，按【Enter】键确认，如图3-20（b）所示。

图3-20（a）

图3-20（b）

21 将鼠标指针移动至图像上，按住【Alt】键的同时，按住鼠标左键不放，向上拖曳鼠标至合适位置，如图3-21所示。

图3-21

22 按【Ctrl+T】键，图像上出现一个自由变换定界框，将鼠标指针移动至定界框的左上角调节点上，按住【Shift】键的同时按住鼠标左键不放，拖曳鼠标至图像大小合适，再按【Enter】键确认，如图3-22所示。

图3-22

23 按以上方法再复制粘贴5条公路并调节其大小，在图层调板中调节各图层的位置，效果如图3-23所示（关于图层的知识请参阅模块06）。

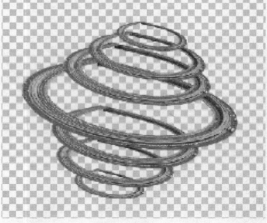

图3-23

24 打开素材"模块3\任务一\jeep-s",如图3-24所示。

图3-24

25 选择工具箱中的【缩放工具】,将图像上左侧的山顶放大。选择工具箱中的【钢笔工具】,在山顶左侧的拐角处单击鼠标左键,如图3-25所示。

图3-25

26 沿山的边缘移动鼠标指针至拐点处,按下鼠标左键不放,拖曳鼠标至路径与山的边缘重合且调节线与山的路径相切,如图3-26所示。

图3-26

27 继续沿山的边缘移动鼠标指针至下一拐点处,按住鼠标左键不放,拖曳鼠标至路径与山的边缘重合且调节线与山的路径相切,如图3-27所示。

图3-27

28 按以上方法继续在山的边缘打点,直到形成闭合路径,如图3-28所示。

图3-28

29 将鼠标指针移动至【路径】调板上的"工作路径"上,按住【Ctrl】键的同时单击鼠标左键,将路径转换为选区,如图3-29所示。

图3-29

30 选择工具箱中的【移动工具】，在选区内按住鼠标左键不放，拖曳鼠标至新建的文档内，松开鼠标，如图3-30所示。

图3-30

31 按【Ctrl+T】键，图像上会出现一个自由变换定界框，将鼠标指针移动至定界框的右上角的调节点处，鼠标指针会变成 形状，按住鼠标左键不放并拖曳鼠标至山的轴线与公路的轴线在一条直线上，松开鼠标，将鼠标指针移动至调节点上，按住【Shift】键，拖曳鼠标使山的大小合适，按【Enter】键确认，如图3-31所示。

图3-31

32 打开素材"模块3\任务一\jeep-14"，如图3-32所示。

图3-32

33 选择工具箱中的【钢笔工具】，在两座最高的楼中左侧楼的下方与其他楼的交点处单击鼠标左键，如图3-33所示。

图3-33

34 沿左侧最高楼的边缘继续打点直到形成闭合路径，如图3-34所示。

图3-34

35 将鼠标指针移动至【路径】调板的"工作路径"上，按住【Ctrl】键的同时单击鼠标左键，将路径转化为选区，选择工具箱中的【移动工具】，在选区内按住鼠标左键不放，拖曳鼠标至文档"未标题1"内，松开鼠标，如图3-35所示。

图3-35

36 采用与第31步相同的方法将楼调节至合适大小并放到图像的合适位置，然后使用【橡皮擦工具】将大楼与路面相交处涂抹掉，如图3-36所示。

图3-36

37 按照前面讲述的方法继续抠选素材"jeep-11"、"jeep-12"、"jeep-13"、"jeep-15"、"jeep-tyc"中的图像并放置到文档"未标题1"中的合适位置处，如图3-37所示。

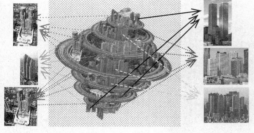

图3-37

背景融合

38 按【Ctrl+A】键，执行【编辑】>【合并拷贝】命令复制上述图像；打开素材"模块3\任务一\jeep-bj"，按【Ctrl+V】键将图像粘贴至"jeep-bj"文档中。选择工具箱中的【移动工具】，将图像移动至合适位置，执行【文件】>【存储】命令将文件保存，并将名称命名为"Jeep指南者"，如图3-38所示。

图3-38

39 继续复制两个图像，按【Ctrl+T】键调出自由变换定界框，调节定界框内图像的大小及角度，按【Enter】键确认操作，如图3-39所示。

图3-39

40 使用【缩放工具】将图像放大，选择工具箱中的【钢笔工具】❸，在上数第三圈公路的右拐角处单击鼠标左键，打下第一点，如图3-40所示。

图3-40

41 沿着公路的路径向左拖曳鼠标，在棕色楼的上方按住鼠标左键不放，并拖曳出与公路路径相符的光滑曲线，松开鼠标，如图3-41所示。

图3-41

42 沿调节线的切线方向移动鼠标指针至图像边缘，单击鼠标左键，如图3-42所示。

图3-42

43 按照以上方法将路径闭合，如图3-43所示。

图3-43

44 打开【路径】调板，按住【Ctrl】键的同时单击"工作路径"，此时路径转换为选区，选择【设置前景色】工具，弹出【拾色器（前景色）】对话框，将鼠标指针移动至左下角单击鼠标左键，按【Enter】键确认，如图3-44（a）所示。按【Alt+Delete】键为路径填充颜色，如图3-44（b）所示。

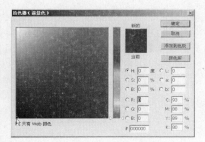

图3-44（a）

图3-44（b）

45 按【Ctrl+D】键取消选区，将鼠标指针移动至【路径】调板的"工作路径"上，按住鼠标左键不放，拖曳鼠标至【创建新路径】按钮上，如图3-45（a）所示，松开鼠标，路径被复制，在【路径】调板内就会出现"工作路径副本"的路径，如图3-45（b）所示。

图3-45（a）

图3-45（b）

46 按照以上方法将路径再复制3个，双击"工作路径"选项，此时"工作路径"可以被重新命名，为了方便起见，将其命名为"公路1"，如图3-46所示。

图3-46

47 按以上方法将其他路径分别命名为"公路2"、"公路3"、"公路4"、"公路5"，如图3-47所示。

图3-47

48 单击"公路2"使其呈蓝色显示，如图3-48（a）所示，选择工具箱中的【直接选择工具】❹，在公路路径上单击鼠标左键，将鼠标指针移动至左下角的节点上，按住鼠标左键不放并向上拖曳鼠标使路径与原来位置移动一段距离，如图3-48（b)所示。

图3-48（a）　　　　图3-48（b）

49 将鼠标指针移动至拐角处的节点上，按住鼠标左键向上拖曳至与黑色路径形成近大远小的效果，松开鼠标，如图3-49所示。

图3-49

50 按住【Ctrl】键，同时在【路径】调板的"公路2"选项上单击鼠标左键，将路径转换为选区。在【拾色器（前景色）】对话框中选择灰色，如图3-50（a）

所示，按【Alt＋Delete】键填充路径，按【Ctrl＋D】键取消选区，如图3-50（b）所示。

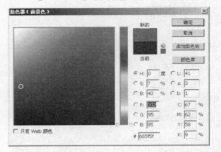

图3-50（a）

图3-50（b）

51 按照以上方法将公路3、公路4和公路5这3条路径分别移至合适位置，并根据光影效果分别填充颜色，效果如图3-51所示。

图3-51

52 选择最上边的公路图像，执行【滤镜】>【杂色】>【添加杂色】命令，如图3-52（a）所示，弹出【添加杂色】对话框，在"数量"文本框中键入"10"，并勾选【单色】复选框，单击【确定】按钮确认，如图3-52（b）所示。

图3-52（a） 图3-52（b）

53 此时图像显得更加真实，效果如图3-53所示。

图3-53

54 打开素材"模块3\任务一\jeep-znz"，选择工具箱中的【魔棒工具】，设置"容差"为"5"，如图3-54（a）所示。在图像的空白部分单击鼠标左键，图像内出现蚂蚁线，并且蚂蚁线内的选区为所有白色图像，按【Ctrl+Shift+I】键反选选区，如图3-54（b）所示。

图3-54（a）

图3-54（b）

55 使用【移动工具】，将图像拖曳至"Jeep指南者"文档中，并移动至合适位置，如图3-55所示。

图3-55

56 选择工具箱中的【矩形选框工具】，设置"羽化"为"20px"，如图3-56(a)所示。单击【图层】调板下方的【创建新图层】按钮，新建一个图层，并向下拖曳一层（图层知识请参阅模块06），如图3-56（b）所示。在汽车图像的车头位置绘制一个选框，选择工具箱的【设置前景色】，弹出【拾色器（前景色）】对话框，在颜色窗口的左下角单击鼠标左键以选取颜色，单击【确定】按钮确认，如图3-56（c）所示。按【Alt+Delete】键填充前景色，如图3-56（d）所示。

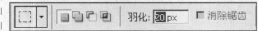

图3-56（a）

图3-56（b）

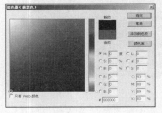

图3-56（c）

图3-56（d）

57 按【Ctrl+D】键取消选区，按【Ctrl+T】键，选区周围出现自由变换定界框，调整角度与左上侧灯光照射汽车所产生阴影的角度相符，单击选项栏中的【在自由变换和变形模式之间切换】按钮🔲，此时变换框转换为变形框，可以分块调节图像的形状，使其更加形象地展现阴影，如图3-57所示。

图3-57

58 按【Enter】键确认，并按照以上方法再在车的右下角制作一个阴影，如图3-58所示。

图3-58

59 打开素材"模块3\任务一\jeep-y1"和"模块3\任务一\jeep-y2"，如图3-59所示。

图3-59

60 单击"Jeep-y2"的标题栏使其呈蓝色显示，执行【选择】>【色彩范围】命令❻，弹出【色彩范围】对话框，将鼠标指针移动至选择范围的中下部分云的位置处单击鼠标左键，此时云变成了白色，成为选中部分，在"颜色容差"文本框中输入"80"，如图3-60（a）所示。单击【确定】按钮确认操作，如图3-60（b）所示。

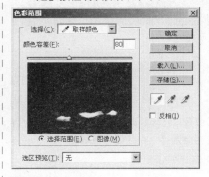

图3-60（a）

图3-60（b）

61 选择工具箱中的【移动工具】，将云彩拖曳至"Jeep指南者"图像中的合适位置，如图3-61（a）所示，并用橡皮擦擦去不需要的部分，如图3-61（b）所示。

图3-61（a）　　　　图3-61（b）

62 按以上方法将"jeep-y1"中的云彩也抠选出来放置到文档"jeep指南者"中的合适位置，如图3-62所示。

图3-62

63 打开素材"模块3\任务一\jeep-logo"，执行【选择】>【色彩范围】命令，弹出【色彩范围】对话框，在视图框内空白部分单击鼠标左键，设置"颜色容差"为"200"，如图3-63所示。

色彩范围

选择(C)：取样颜色
□ 本地化颜色簇(Z)
颜色容差(F)：200
范围(R)：　　　%
确定
取消
载入(L)...
存储(S)...
□ 反相(I)

Jeep

⊙ 选择范围(E)　○ 图像(M)
选区预览(T)：无

图3-63

64 单击【确定】按钮，将Logo图案抠出，使用【移动工具】将Logo移动至图像合适位置，如图3-64所示。

图3-64

65 使用【横排文字工具】T键入文字"娱乐城市的超级装备"，如图3-65所示（文字工具的具体操作请参阅模块04）。

图3-65

知识点拓展

❶ 喷绘和写真

喷绘和写真产品与彩色打印作品类似，不过，喷绘和写真是使用专业的喷绘写真设备将图像打印到专用的布或者纸上，如灯箱布、光面相片纸、丝光绸布、旗帜布等。喷绘和写真被广泛应用于商场促销海报、商品陈设布景、新产品推广、横幅、店铺摆设、室内布告板、展板、易拉宝、展架、车身贴等各种宣传设计产品中。

根据产品的用途和使用打印材质的不同，通常将户外巨幅作品称为喷绘，如路牌广告，如图 3-66 所示；将室内幅面较小的作品称为写真，如易拉宝，如图 3-67 所示。

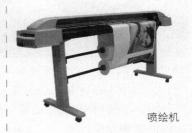

喷绘机

图3-66

图3-67

喷绘的幅面较大，通常都是远距离观察，因此图像的分辨率不需要设置得太大，分辨率设置过大文档体积也会变大，计算机运行将会很慢，在 Photoshop 中分辨率通常设置为"12~72ppi"；相对于喷绘来说，写真由于是室内摆放，幅面较小，因此在 Photoshop 中分辨率通常设置为"72~120ppi"，如图 3-68 所示。

图3-68

❷ 路径

路径是直线和曲线的统称，在矢量软件（如 Illustrator）中路径被广泛应用于矢量绘画，在 Photoshop 中也可以模拟矢量软件的方式绘制路径，但与使用矢量软件绘制的路径不同的是，Photoshop 使用路径填色之后是位图图像。

灯箱

❸ 钢笔工具组

钢笔工具组包含 5 个工具：【钢笔工具】、【自由钢笔工具】、【添加锚点工具】、【删除锚点工具】和【转换点工具】。【钢笔工具】是工具箱中最重要的工具，它用来创建路径，使用【钢笔工具】绘制的路径在 Photoshop 中主要用于描边、填充上色和抠选图像，如图 3-69 所示。

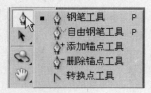

图3-69

1. 使用钢笔工具创建直线路径

选择工具箱中的【钢笔工具】，将鼠标移动到文档后，鼠标指针变成 ♣ 形状，在文档中任意位置处单击鼠标左键，然后将鼠标移动到合适位置再单击鼠标左键，一条最简单的路径绘制完毕。此时可以看到文档中出现一条线段，线段的两头分别是一个空心的方形点和实心的方形点，这条线段就是路径，方形点称为锚点，空心的锚点是非激活"锚点"，实心的锚点是当前激活"锚点"，如图 3-70 所示。

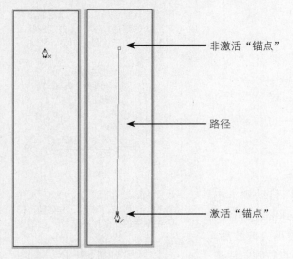

非激活"锚点"

路径

激活"锚点"

图3-70

继续移动鼠标，在文档中再次单击鼠标左键，从激活"锚点"处延伸出一条线段，形成一条折线路径。

将鼠标移动到起始点处，此时鼠标指针变成 ♣。形状，单击鼠标左键即可形成一个闭合的路径，并且所有锚点消失。注意，此时如果再次单击鼠标左键将创建新的路径。

通过上述操作可以将钢笔工具绘制的过程理解为一个点、线、面的建立过程，创建锚点（点），通过更多锚点得

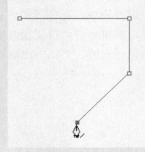

⚙ **提示**

按住【Shift】键的同时移动光标，钢笔工具就会受到约束，画出的线段只有45°、水平和垂直3种。

除了通过按住【Shift】键来画横平竖直的线外，还可以选择另外一种方法，那就是网格和参考线等辅助工具。

执行【视图】>【显示】>【网格】命令可以在文档中显示网格；执行【视图】>【显示】>【参考线】命令可以在文档中显示参考线。

到路径（线），通过线段形成闭合路径（面），如图 3-71 所示。

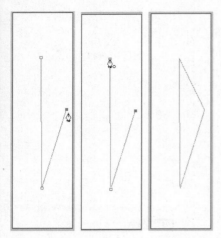

图3-71

2. 使用钢笔工具创建曲线路径

建立一个新文档，选择【钢笔工具】，在文档中按住鼠标左键并拖曳，在拖曳的方向上出现一条对称线段，称为方向线，拖曳到合适位置松开鼠标，将鼠标移动到其他位置处单击鼠标左键，文档中出现一条曲线路径，如图 3-72 所示。

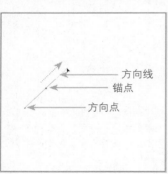

图3-72

按住【Ctrl】键，光标变成▶形状，将鼠标移动到方向点上按住鼠标左键，向四周任意拖曳，可以看到曲线路径的弧度在发生改变，因此得出结论，当锚点上拖曳出方向线后，路径的走向将受方向线的方向和长度的影响，并与方向线拖曳方向形成切线，如图 3-73 所示。

图3-73

Photoshop InDesign

01
02
03
04
05
06
07
08
09
10
11
12

⚙ 提示

路径通常分为开放路径和闭合路径，这两类路径都能转换为选区。用于描边的路径可以绘制成开放路径，用于填充颜色和抠选图像的路径通常需要绘制闭合路径。

⚙ 提示

在绘制路径的过程中，按【Esc】键可以结束该路径的绘制操作，或者按住【Ctrl】键的同时在文档中单击也可以结束路径的绘制。

⚙ 提示

【钢笔工具】绘制的曲线也称为贝塞尔曲线。

☀ 知识：形状工具组

形状工具组中的工具可以绘制出特定形状的路径，其中【自定形状工具】产生的形状最为丰富。

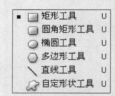

选择【自定形状工具】，在选项栏中单击"形状"右侧的下三角按钮，即可在展开的图形库中选择预设的图形。

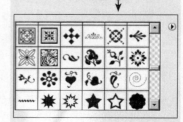

3.【钢笔工具】选项栏

选择工具箱中的【钢笔工具】之后，选项栏变成【钢笔工具】选项栏，如图 3-74 所示。

图3-74

①  单击【形状图层】图标，可以在文档中创建形状图层，该形状图层相当于在图像上建立一个铺满颜色的图层并添加一个矢量蒙版。在实际生产中很少使用该功能。

只有【路径】图标处于激活状态时，才能在文档中直接创建路径。

只有在③中的形状工具图标处于激活状态时，【填充像素】图标才能被选中，激活此图标可以直接对形状工具进行填色。

②、③ 单击②和③中的图标可以切换工具，这个操作与在工具箱中选择相应的工具一样。

④ 当【钢笔工具】处于激活状态时，单击三角图标，在展开的下拉菜单中勾选"橡皮带"复选框。在文档中单击鼠标左键，建立起始点，移动鼠标可以看到路径出现并随着鼠标移动而移动。

⑥ 该组的图标用于控制两个以上的路径形成的选区形状。

【添加】

【减去】

【交叉】

【重叠】

⑤ 勾选【自动添加/删除】复选框，在绘制路径时把鼠标移动到路径上鼠标指针变成 ♦₊，此时单击鼠标左键可以在路径上添加锚点，删除操作也类似；取消勾选【自动添加/删除】复选框，鼠标移动到路径上不能自动产生添加和删除点。

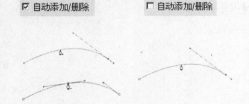

❹ 编辑路径

1. 选择、移动路径和锚点

工具箱中路径选择工具组有两个工具：【路径选择工具】和【直接选择工具】。【路径选择工具】用于选择整个路径，【直接选择工具】用于选择路径上的锚点。

选择【路径选择工具】，在已经绘制好的路径上单击鼠标左键，路径上的锚点出现在路径上并显示为实心锚点，表示该路径被选中，在路径上按住鼠标左键并拖曳可以移动该路径，如图 3-75 所示。

选择【直接选择工具】，在已经绘制好的路径上单击鼠标左键，此时路径的锚点出现在路径上，并显示为空心，再在某个锚

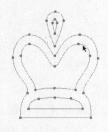

图3-75

点上单击鼠标左键，该锚点显示为实心，表示当前选中该锚点，在锚点上按住鼠标左键并拖曳，该锚点被移动，如图3-76所示。

图3-76

2. 删除和添加锚点

使用【直接选择工具】选中路径上的锚点，按【Delete】键可以删除该锚点。如果删除的是闭合路径的锚点，此时路径变成开放路径，如图3-77所示。

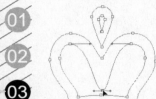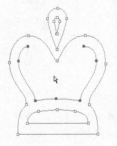

图3-77

在工具箱中选择【删除锚点工具】，将鼠标移动到锚点上，鼠标指针变成♠，然后在锚点上单击鼠标左键，删除该锚点。如果删除的是闭合路径中的锚点，该路径依然保持闭合状态，如图3-78所示。

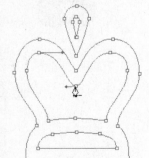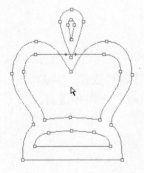

图3-78

在工具箱中选择【添加锚点工具】，将鼠标移动到路径上，鼠标指针变成♠形状后单击鼠标左键，路径被添加上锚点，如图3-79所示。

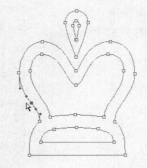

图3-79

3. 串接锚点

可以将两条独立的路径串接起来形成一条路径，或者将开放路径的两端的锚点串接形成闭合路径。将鼠标移动到路径一端的锚点处，当鼠标指针变成 ♣ 形状后单击鼠标左键，然后将鼠标移动到路径另一端的锚点处，当鼠标指针变成 ♣ 形状后再单击鼠标左键，两端的锚点串接在一起，如图 3-80 所示。

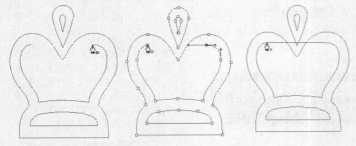

图3-80

4. 使用【转换点工具】调整路径

可以一边绘制路径一边调整，也可以在绘制完成后调整。使用【转换点工具】可以对锚点添加或者删除方向线，使得锚点在"平滑点"和"转折点"之间自由切换，这样能控制路径的拐角和弧度。

选择工具箱中的【转换点工具】 ▷ ，在路径的平滑点上单击鼠标左键，锚点的方向线消失，平滑点变成转折点，路径该处由圆弧曲线变成拐角线；在转折点上按住鼠标左键拖曳到合适位置后松开鼠标，路径该处由拐角线变成圆弧曲线，如图 3-81 所示。

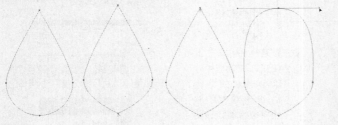

图3-81

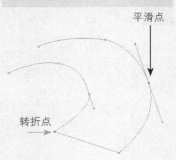

平滑点

转折点

在锚点方向线的一个方向点上按住鼠标左键拖曳，让方向线不在同一方向上，路径该处形成拐角，如图 3-82 所示。

图3-82

❺【路径】调板

使用【钢笔工具】在文档中绘制好路径后，路径都被保存到【路径】调板中，然后再通过【路径】调板进行其他操作，如对路径进行描边、填充或者转换为选区。

第一次在文档中创建路径，路径被存储在【路径】调板中，并自动被命名为"工作路径"。执行【窗口】>【路径】命令，调出【路径】调板，可以看到存放路径的路径栏处于调板的中间显眼位置，调板的下侧分布着一些按钮，这些按钮可以完成不同的操作，如图 3-83 所示。

路径栏：用于存放路径。路径栏呈蓝色显示表示激活状态，路径缩览图显示的灰色区域为选区外，白色区域为选区内

描边：单击此按钮，使用前景色对路径进行描边

填充：单击此按钮，使用工具箱中设置的前景色对路径选区内(白色区域)进行颜色填充

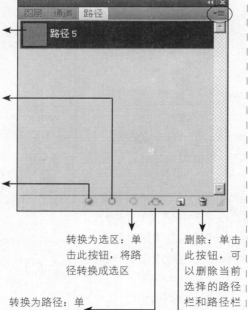

转换为选区：单击此按钮，将路径转换成选区

转换为路径：单击此按钮，将选区转换成路径

删除：单击此按钮，可以删除当前选择的路径栏和路径栏中的路径

新路径栏：单击此按钮，在调板中可以创建新的路径栏,此时绘制的路径将被存储到该路径栏中

图3-83

☞ 提示

实际工作中常常使用快捷键使【钢笔工具】、【直接选择工具】和【转换点工具】互相转换。例如，当前选择的工具是【钢笔工具】，按住【Alt】键，则可将【钢笔工具】转换成【转换点工具】；按住【Ctrl】键，【钢笔工具】转换成【直接选择工具】。

☀ 知识

单击【路径】调板中右上角的下三角按钮，可以在展开的下拉菜单中对选中的路径栏进行相关操作。

①"工作路径"只是暂时保存在路径栏中，为了将辛苦创建的路径永久保存，可以执行【存储路径】命令，然后在弹出的对话框中设置名称或者使用默认名称。双击"工作路径"可以快速保存该路径。

②选择此命令可以将选中的路径复制，并存储在新的路径栏中。需要注意的是只有保存了该路径才能执行此操作。

③此命令用于输出路径以便于其他软件(如InDesign)的使用。执行此命令，弹出【剪贴路径】对话框，在"路径"下拉列表框中选择路径栏，展平度越小，路径越小，输出的曲线越光滑，通常将"展平度"设置为"0.2"。

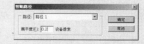

除了单击调板按钮，也可以将路径栏拖曳到图标上以执行转换为路径的操作。

➏ 【色彩范围】命令

【色彩范围】命令用来选择整个图像内指定的颜色。执行该命令可以弹出【色彩范围】对话框，如图 3-84 所示。

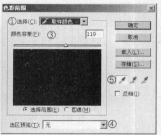

图3-84

① 选择：在此下拉列表框中可以设置取样颜色的方式，即设置指定颜色作为选择标准。"取样颜色"是一个吸管，选择"取样颜色"吸管可以将鼠标移动到文档中并单击鼠标左键，吸取需要选择的颜色，即在图像中进行取样，可以看到预览区中单击处显示为白色，与单击处颜色相似的区域也显示为白色或者浅色，表示为选中区域。

也可以在预览区中单击相应区域选取取样颜色，选择"取样颜色"吸管，然后将鼠标移动到预览区中相应位置处单击鼠标左键，预览区的单击处显示为白色，表示为选中区域。

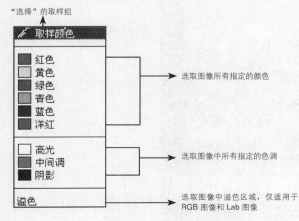

② 预览区中显示选区范围，白色为全部选择，黑色为不选择，灰色为部分选择。

以黑白图像来显示选择范围，通常使用该选项　用于预览图像，通常不使用该选项

③ 在"颜色容差"文本框中通过拖曳滑块来设置容差，向右拖曳可以选中更多的像素，即选中更大区域。

白色区域增大，更多的像素被选中

④ 可以在"选区预览"下拉列表框中设置图像预览效果，通常选择"无"。

⑤ 选择不同的吸管可以进行不同的吸取操作，在吸管上单击鼠标左键即可激活该图标；反相可以将选区反选。

每次单击鼠　单击鼠标左　单击鼠标左
标左键取　键取样，新　键取样，在
样，将取消　定义取样区　原取样区中
以前的取样　被添加到原　删减单击定
区域　　　　取样区中　　义的取样区

"选择"的取样组

红色		
黄色		
绿色	选取图像所有指定的颜色	
青色		
蓝色		
洋红		
高光		
中间调	选取图像中所有指定的色调	
阴影		
溢色	选取图像中溢色区域，仅适用于 RGB 图像和 Lab 图像	

独立实践任务（2课时）

任务二　设计制作《Jeep指南者》广告宣传写真

⊖ 任务背景和任务要求

　　某Jeep汽车公司为推广其新产品，特需要设计制作广告招贴，放置在写字楼的灯箱中。灯箱画面尺寸为500mm×500mm。

⊖ 任务分析

　　在开始设计之前一定要将尺寸计算好，由于是采用写真方式，因此可知本写真不需要出血。由于成品尺寸为500mm×500mm，因此在Photoshop中设置写真的宽、高尺寸分别为500mm和500mm。

⊖ 任务素材

　　任务素材见光盘素材"模块3\任务二"。

⊖ 任务参考效果图

04 模块

设计制作音乐盛典宣传海报

——文字的处理与应用

任务参考效果图

🔀 能力目标

1. 能熟练使用文字工具

2. 能正确设置图像分辨率

🔀 专业知识目标

1. 了解色彩模式

2. 了解排版常识

🔀 软件知识目标

1. 掌握文字工具的使用方法

2. 掌握图像分辨率的设置方法

3. 掌握颜色的设置方法

🔀 课时安排

4课时（讲课2课时，实践2课时）

模拟制作任务（2课时）

任务一　音乐盛典宣传海报的设计与制作

➲ 任务背景

　　CCTV-MTV音乐盛典是中央电视台和MTV全球音乐电视台强强联手推出的每年一次的中国内地年度流行音乐颁奖晚会。晚会汇集了中国内地、港台和国际的顶尖音乐人。

　　请为第九届音乐盛典颁奖晚会设计、制作宣传海报❶。

➲ 任务要求

　　为了体现音乐盛典的影响力，要求海报有重量，与以往的海报相比要有突破，不再在海报上放置人物。

　　素材提供了"T"和"V"的图像。

　　海报尺寸：390mm×540mm

546mm（其中包含上下出血各3mm）

396mm
（其中包含左右出血各3mm）

➲ 任务分析

　　设计师在开始设计之前要理解设计意图，并提出合理建议。任务要求海报要有重量，这当然不是指海报本身用纸的重量，而是要体现视觉的重量。成品尺寸为390mm×540mm，因为要留出出血位，因此海报的尺寸应设置为396mm×546mm。由于海报是通过印刷方式完成的，所以要注意分辨率应为300ppi。

➲ 图像设计分析

　　设计要体现重量，因此设计师决定用MTV中的M制作一个特效文字❷，并将其制作为立体状。

本案例的难点

如何使文字呈现立体感

如何使文字密集

如何使文字沿绘制好的路径排列

制作立体字的正面

1 执行【文件】>【新建】命令，新建一个文档，设置"名称"为"MTV"、"宽度"为"396毫米"、"高度"为"546毫米"、"分辨率"为"300像素/英寸"、"颜色模式"为"CMYK颜色"、"背景内容"为"透明"，如图4-1所示。

图4-1

2 设置"前景色"为"K=100，C=40"，即黑色，按【Alt+Delete】键填充前景色，如图4-2所示。

图4-2

3 选择工具箱中的【横排文字工具】❸，在选项栏❹中设置"字体"为"Arial Black"、"字体大小"为"800点"、"消除锯齿方式"为"平滑"，再单击【设置文本颜色】图标，在拾色器中将颜色设置为"白色"，如图4-3（a）所示。在文档中间偏左位置输入"M"，如图4-3（b）所示。

图4-3（a）

图4-3（b）

4 单击工具箱中的【移动工具】，在【图层】调板中的文字图层❽的名称上右击，在弹出的快捷菜单中选择【栅格化文字】❾命令，如图4-4所示。

图4-4

5 按住【Ctrl】键的同时在【图层】调板上的"图层缩览图"上单击鼠标左键创建选区，如图4-5所示。

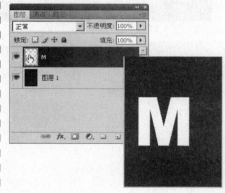

图4-5

6 打开【路径】调板，单击调板下方的【从选区生成工作路径】按钮  ，将M的选区生成路径，双击"工作路径"，在弹出的对话框中设置名称为"M"，单击【确定】按钮，如图4-6所示。

图4-6

7 选择【图层】选项卡，打开【图层】调板，单击M图层前的眼睛图标，将其隐藏，结果如图4-7所示。

图4-7

8 使用【删除锚点工具】将除了各拐点以外的锚点全部删除，使用【转换点工具】将所有锚点转换成不带方向线的锚点，使用【直接选择工具】将路径调节成如图4-8所示的形状。

图4-8

9 选择工具箱中的【横排文字工具】，执行【窗口】>【字符】命令，打开【字符】调板❺，设置"字体大小"为"22点"、"所选字符的字距调整"为"40"、"文本颜色"为"白色"，如图4-9所示。

图4-9

10 在文档中路径外单击鼠标左键，输入英文"The performance"，选择工具箱中的【移动工具】，将文字移动至路径的内侧，如图4-10所示。

图4-10

11 选择【横排文字工具】，在路径外单击鼠标左键，输入"and"，并全选文字，在【字符】调板中设置"字体大小"为"15.5点"，单击"仿粗体"按钮 **T**，使用【移动工具】将文字移到合适位置，如图4-11所示。

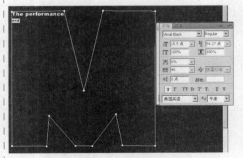

图4-11

12 在文档中路径外输入英文"prospects"，然后设置字体大小为"33.5点"，如图4-12所示。

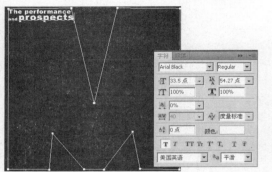

图4-12

13 按以上方法继续键入文字，调节其大小并将其放置到路径内，沿路径的形状摆放，如图4-13所示。

图4-13

14 选择【路径】选项卡，打开【路径】调板，在调板内的空白部分单击鼠标左键，取消选择路径层，如图4-14所示。

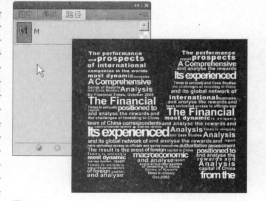

图4-14

15 打开【图层】调板，在"The performance"文字层上单击鼠标左键，按住【Shift】键在最顶层的文字图层上单击鼠标左键，将图层全部选中，如图4-15所示。

图4-15

16 在文字图层上右击，在弹出的快捷菜单中选择【链接图层】命令，将所有文字图层链接，如图4-16所示。

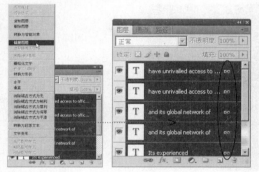

图4-16

17 在图层上右击，在弹出的快捷菜单中选择【栅格化文字】命令，将所有文字图层栅格化，如图4-17所示。

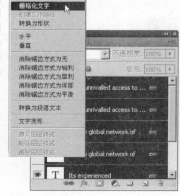

图4-17

制作立体字的侧面

18 按【Ctrl+T】键调出自由变换定界框，在定界框内右击，在弹出的快捷菜单中选择【透视】命令，如图4-18所示。

图4-18

19 将光标移动至左下侧的控制点上，按住鼠标左键不放向上拖曳至"M"的字形有延伸的感觉，如图4-19所示。

图4-19

20 在自由变换定界框内右击，在弹出的快捷菜单中选择【自由变换】命令，如图4-20所示。

图4-20

21 将光标移动至自由变换定界框上侧中间的控制点上，按住鼠标左键不放向上拖曳至合适位置，如图4-21所示。

图4-21

22 按【Enter】键，然后选择工具箱中的【矩形选框工具】，在"M"形旁边绘制一个矩形，如图4-22所示。

图4-22

23 选择【路径】选项卡，打开【路径】调板，单击调板下方的【从选区生成工作路径】按钮，将矩形选框生成路径，如图4-23所示。

图4-23

24 在"工作路径"层上双击，在弹出的对话框中单击【确定】按钮，将工作路径存储，如图4-24所示。

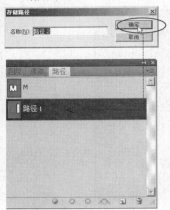

图4-24

25 选择【图层】选项卡，打开【图层】调板，再选择工具箱中的【横排文字工具】，在【字符】调板中设置"字体"为"Arial"、"字体大小"为"20点"、"所选字符的字距调整"为"0"，如图4-25所示。

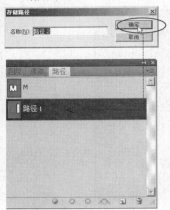

图4-25

26 在文档的空白部分单击鼠标左键，当出现闪动光标时键入文字"context the details"，如图4-26所示。

图4-26

27 选择工具箱中的【移动工具】，在文字"context the dotails"上按住鼠标左键不放并将其拖曳到矩形路径的内侧最顶处，如图4-27所示。

图4-27

28 选择工具箱中的【横排文字工具】，在文档的空白部分单击鼠标左键，当出现闪动光标时输入文字"of regulatory change"，如图4-28所示。

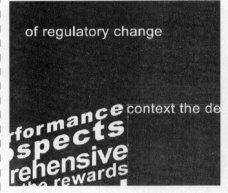

图4-28

29 选择工具箱中的【移动工具】，在文字"of regulatory change"上按住鼠标左键不放并将其拖曳到矩形路径内"context the details"文字的下方，如图4-29所示。

图4-29

30 选择工具箱中的【横排文字工具】，将光标移动至第二行文字上，当光标显示为Ⅰ时，按【Ctrl+A】键全选文字，如图4-30所示。

图4-30

31 在【字符】调板中设置"所选字符的字距调整"为"-60"，此时文字缩进且整行文字都在路径内，如图4-31所示。

图4-31

32 单击工具箱中的【移动工具】，选择工具箱中的【横排文字工具】，在空白部分再输入相应文字，按以上方法调节文字的大小及缩进，并将其移动至路径内合适位置，如图4-32所示。

图4-32

33 按住【Shift】键，在【图层】调板中找到在矩形中第一次输入文字的文字图层，单击鼠标左键至所有文字图层呈蓝色显示，如图4-33所示。

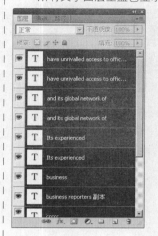

图4-33

34 在文字图层上右击，在弹出的快捷菜单中选择【链接图层】命令，将所有文字图层链接，如图4-34所示。

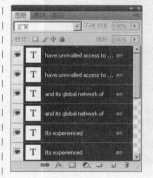

图4-34

35 在文字图层上右击，在弹出的快捷菜单中选择【栅格化文字】命令，将所有文字图层栅格化，如图4-35所示。

图4-35

36 按【Ctrl+T】键调出自由变换定界框，在定界框内右击，在弹出的快捷菜单中选择【透视】命令，如图4-36所示。

图4-36

37 在定界框的右下侧控制点上按住鼠标左键不放并向上拖曳至图像有延伸感，如图4-37所示。

图4-37

38 在定界框内右击，在弹出的快捷菜单中选择【自由变换】命令，如图4-38所示。

图4-38

39 将光标移动至自由变换定界框右侧中间控制点上，按住鼠标左键不放并向内拖曳，使图像稍细些，按【Enter】键确认变换，如图4-39所示。

图4-39

40 使用【钢笔工具】在"M"型的左侧拱起处绘制一个倒三角的路径并将其存储，按以上方法在路径内排列文字，如图4-40所示。

图4-40

41 按住【Shift】键，在【图层】调板中找到第一次输入文字的文字图层，单击鼠标左键至所有文字图层呈蓝色显示，将所有文字图层栅格化，如图4-41所示。

图4-41

42 按【Ctrl+E】键合并图层，将光标移动至【图层】调板中合并后的图层上，按住【Ctrl】键的同时在图层缩览图上单击鼠标左键，载入选区，如图4-42所示。

图4-42

43 单击"前景色"图标，在弹出的【拾色器（前景色）】对话框中设置浅灰色，如图4-43所示。

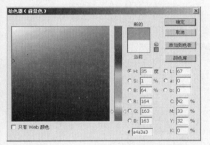

图4-43

44 单击【确定】按钮，再按【Alt+Delete】键对选区填充前景色，按【Ctrl+D】键取消选区，如图4-44所示。

图4-44

45 将此图层拖曳到【图层】调板的最下方，如图4-45所示。

图4-45

46 按【Ctrl+T】键调出自由变换定界框，在定界框内右击，在弹出的快捷菜单中选择【透视】命令，在定界框的右下侧控制点上按住鼠标左键不放并向上拖曳至图像有延伸感，如图4-46所示。

图4-46

47 按【Enter】键，按以上方法分别制作"M"形下方的两个可视面，如图4-47所示。

图4-47

48 将图像放大时可以发现交线处的文字有重叠现象，选择工具箱中的【钢笔工具】，在"M"形外勾勒一个"M"形的路径，如图4-48所示。

图4-48

49 打开【路径】调板，按住【Ctrl】键的同时在"工作路径"上单击鼠标左键，将路径转换为选区，如图4-49所示。

图4-49

50 单击"前景色"图标，在弹出的【拾色器（前景色）】对话框中选择黑色，单击【确定】按钮确认选择，如图4-50所示。

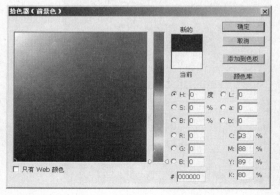

图4-50

51 将光标移动至【图层】调板上"M"形图像所有链接图层下方的第一个图层上，单击【创建新图层】按钮，新建一个图层，按【Alt+Delete】键对选区填充前景色，按【Ctrl+D】键取消选区，如图4-51所示。

图4-51

制作其他文字

52 在【字符】调板中设置"字体"为"黑体"、"字体大小"为"48点"、"颜色"为"红色"，单击【仿粗体】按钮，如图4-52所示。

图4-52

53 在文档中上方偏左空白区域单击鼠标左键，当出现闪烁光标时输入文字"第九届CCTV-MTV音乐盛典"，如图4-53所示。

图4-53

54 选择工具箱中的【移动工具】，将其移动至文档的中间部分，如图4-54所示。

图4-54

55 选择工具箱中的【横排文字工具】，在【字符】调板中设置"字体"为"Arial"、"字体大小"为"30点"、"颜色"为"白色"，单击【仿粗体】按钮，如图4-55所示。

图4-55

56 在文档中的空白区域输入文字"The Ninth CCTV-MTV Music Festival"，并将其移动至红色文字的下方并与其右对齐，如图4-56所示。

图4-56

57 选择工具箱中的【横排文字工具】，在文档的下方绘制一个文字框，选择【段落】选项卡，打开【段落】调板❻，单击【居中对齐文本】按钮，如图4-57所示。

图4-57

58 打开素材中的Word文档，复制文字并将其粘贴到文字框内，分别调整"字体大小"和"所选字符的字距调整"，如图4-58所示。

图4-58

59 选择工具箱中的【自定形状工具】，在"自定形状拾色器"中选择一个类似于录像带的形状，如图4-59所示。

图4-59

60 在文档的下方按住鼠标左键不放并拖曳至路径大小合适，如图4-60所示。

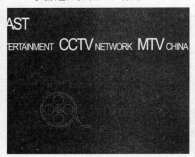

图4-60

61 单击【图层】调板下方的【创建新图层】按钮，新建一个图层。选择工具箱中的【画笔工具】，设置"主直径"为"5px"、"硬度"为"100%"。打开【路径】调板，在"工作路径"上右击，在弹出的快捷菜单中选择【描边路径】命令，如图4-61所示。

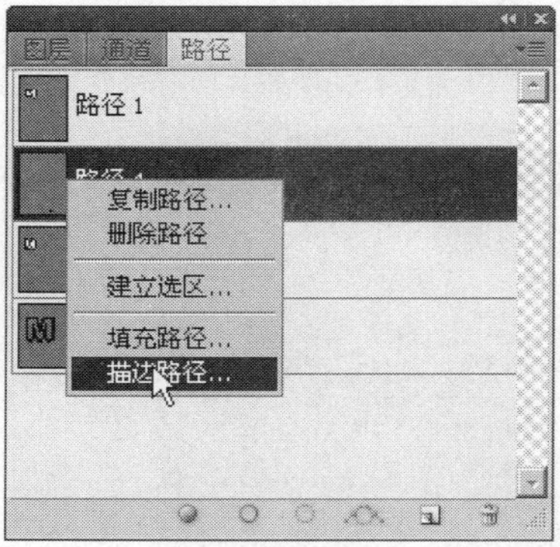

图4-61

62 选择工具箱中的【横排文字工具】，将光标移动至路径左侧中间位置，当光标变成 ⌶ 时，单击鼠标左键，此时键入的文字为路径文字，如图4-62所示。

图4-62

63 设置"字体大小"为"6点"。"基线偏移"为"4点"，在文档中输入文字"The Ninth CCTV-MTV Music Festival"，如图4-63所示。

图4-63

64 选择工具箱中的【移动工具】，使用【横排文字工具】选择文字，设置"字体"为"Good Times"、"字体大小"为"14点"，在文档中键入文字"BEIJING WORKERS STADIUM"，如图4-64所示。

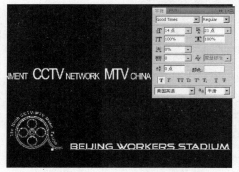

图4-64

65 使用同样方法输入文字"NOVEMBER 16"，并设置好字体、字体大小，单击选项栏中的 ⌇ 图标❹⑩，弹出【变形文字】❼对话框，在该对话框的"样式"下拉列表框中选择"扇形"选项，单击【确定】按钮，如图4-65（a）所示。用同样方法输入"2008"、"8：00PM"文字并设置字体、字体大小，如图4-65（b）所示。

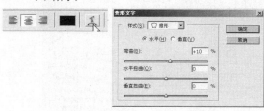

图4-65（a）

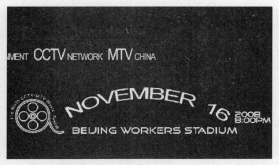

图4-65（b）

66 打开素材"模块4\任务一\WZ-T"、"模块4\任务一\WZ-V"文档，使用工具箱中的【移动工具】，将素材字母拖曳到文档中并放置到合适位置，如图4-66所示。

图4-66

知识点拓展

❶ 海报

海报是一种极为常见的招贴形式，多用于电影、戏剧、比赛、文艺演出等活动。海报中通常要写清楚活动的性质，活动的主办单位、时间、地点等内容。海报的语言要求简明扼要，形式要做到新颖美观。

一般的海报尺寸都是正度四开（540mm×390mm）。由于海报是通过印刷方式完成的，因此其分辨率最少应为300ppi。

❷ 文字概述

文字是用来记录和传达语言的书写符号，在平面设计中文字除了具有记录和表达的功能外，还起到美化版面、强化主题的作用，是一件作品的重要组成部分。

在 Photoshop 中，文字工具包括【横排文字工具】、【直排文字工具】、【横排文字蒙版工具】和【直排文字蒙版工具】。运用文字工具可以创建横排文字和直排文字，并能很方便地为文字设置字体、字号和颜色。

❸ 文字工具的操作

在 Photoshop 中，如果要创建文字，首先要在工具箱中选择文字工具，如图 4-67 所示。文字工具从文字排列方向上分为【横排文字工具】和【直排文字工具】，从文字类型上分为文字工具和文字蒙版工具，文字蒙版工具包含【横排文字蒙版工具】和【直排文字蒙版工具】。

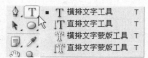

图4-67

选择【横排文字工具】，在文档中单击鼠标左键，则文档中出现一个闪动的"插入光标"，表示文字的插入点，如图 4-68 所示。

图4-68

键入文字。随着文字的逐个输入，"插入光标"也自动后移，并在文字上出现一条黑线，这条黑线称为基线，如图 4-69 所示。

文艺活动海报

提示

在Photoshop中虽然能很方便地对文字进行设置，但不能处理大段文字，因为它不是排版软件。在遇到大段文字时，应该使用专业的排版软件进行处理，如InDesign。

提示

使用【横排文字工具】在文档中输入文字时，将建立一个文字图层，该图层自动以输入的文字命名。

在使用【横排文字蒙版工具】或【直排文字蒙版工具】时，将创建一个文字轮廓的选区。文字蒙版工具并不新建文字图层，文字的轮廓选区出现在现用的图层中，并可像任何其他选区一样被移动、复制、填充或描边。

提示

在工具箱中单击【选框工具】可以结束文字的录入操作。此后再次使用文字工具录入的文字将自动生成一个新的文字图层。

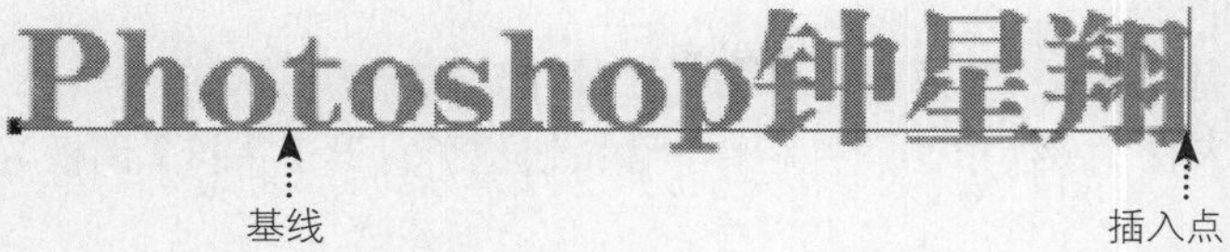

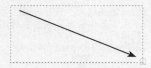

Photoshop钟星翔
基线
插入点

图4-69

通过创建文字定界框后输入文字也是一种常用的录入方法。在文档中按住鼠标左键并拖曳，绘制出一个文字定界框，输入的文字将出现在定界框中。此方法主要用于创建段落文字。用鼠标移动定界框的控制点可以调整定界框的大小，鼠标在定界框外移动，可以旋转定界框和文字，如图4-70所示。

PhotoShop

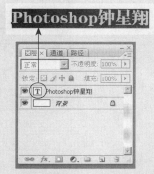

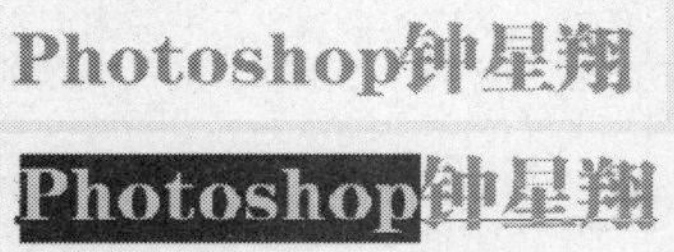

图4-70

文字录入完毕，为了设置文字属性，必须先选中文字。在插入光标处按住鼠标左键并向左拖曳，直到需要被选中的文字以黑底显示，如图4-71所示。

Photoshop钟星翔

图4-71

❹ 使用选项栏设置文字属性

文字的属性包括字体、字号、颜色等，使用【横排文字工具】选项栏可以很方便地设置文字属性。选中【横排文字工具】之后，选项栏变成文字工具选项栏，如图4-72所示。

设置文字方向，单击该按钮可以使文字在水平和竖直方向间切换
钟星翔
钟星翔
设置文字的对齐方式，分为左对齐、中间对齐和右对齐
设置文字的变形方式
方正粗宋简体
60点
锐利
设置字体和字体样式，中文字体的字体样式为灰显表示不可用，字体样式是某些英文字体自带的样式，这些样式包含粗细样式和斜体样式等
设置文字的字号，单击下三角按钮，在展开的菜单中选择预设的字号，也可以直接在选项框中键入数值
设置文字消除锯齿方式，即设置文字边缘的虚化程度
设置文字颜色，单击该图标，可以在弹出的【拾色器】对话框中设置颜色
单击该按钮，可以调用【字符】调板和【段落】调板
Arial
Regular
Narrow
Regular
Italic
Bold
Bold Italic
Black
Sample

图4-72

提示

基线以英文字符的下缘为基准。

提示

在文字图层上双击图层缩览图，可以选中文字图层中的所有文字。

Photoshop钟星翔
图层
通道
路径
正常
不透明度:
100%
锁定:
填充:
100%
Photoshop钟星翔
背景

将鼠标移动到文字中，当光标变成I时，按住鼠标左键拖曳，可以选中部分文字。

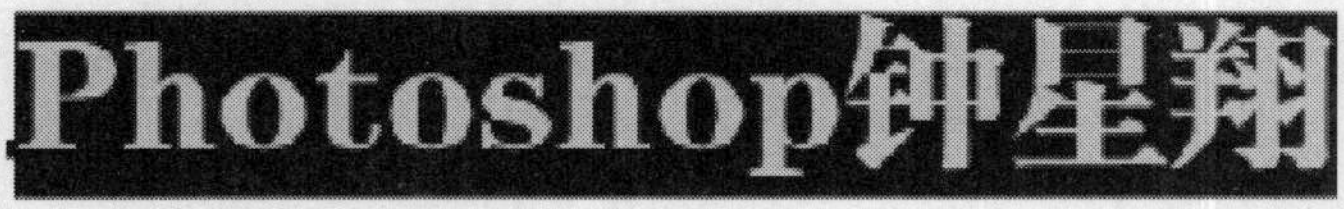

Photoshop钟星翔
Photoshop钟星翔

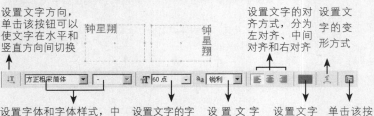

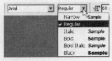

❺ 使用【字符】调板设置文字属性

　　使用选项栏可以设置一些文字的基本属性,要设置更多的文字属性,需要使用【字符】调板。执行【窗口】>【字符】命令,打开【字符】调板(单击属性栏中的 ▦ 按钮也可打开【字符】调板),如图 4-73 所示。

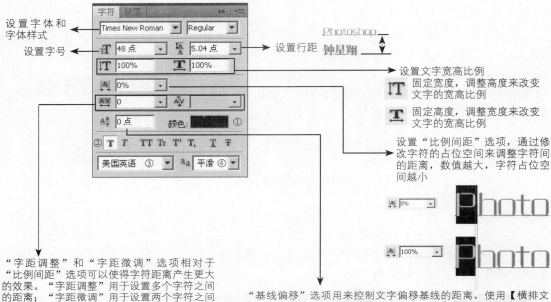

设置字体和字体样式

设置字号

设置行距

设置文字宽高比例

固定宽度,调整高度来改变文字的宽高比例

固定高度,调整宽度来改变文字的宽高比例

设置"比例间距"选项,通过修改字符的占位空间来调整字符间的距离,数值越大,字符占位空间越小

"字距调整"和"字距微调"选项相对于"比例间距"选项可以使得字符距离产生更大的效果。"字距调整"用于设置多个字符之间的距离;"字距微调"用于设置两个字符之间的距离。这两个选项针对的字符数量不同,因此它们选取文字的方式也不同

使用【横排文字工具】将示需要设置的文字全部选中,使其呈黑色显示,然后在选项栏中设置参数,数值越大字距越大

"基线偏移"选项用来控制文字偏移基线的距离。使用【横排文字工具】将需要设置偏移的文字选中,在参数栏中设置参数,正数设置文字向上偏移,负数则设置文字向下偏移

使用【横排文字工具】在两个字符之间单击鼠标左键插入录入点,然后在选项栏中设置参数,数值越大字距越大

① 设置文字颜色,单击该图标可以在弹出的拾色器中设置颜色。

② 设置文字花式,如斜体、上标、下标等。

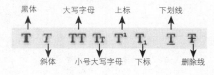

③ 设置相关语言的拼写检查,如果是多语言排版,该项目自动转变成"多语言",该设置对中文不起作用。

④ 设置文字消除锯齿方式,即设置文字边缘的虚化程度。

图4-73

01
02
03
04
05
06
07
08
09
10
11
12

❻ 使用【段落】调板调整段落属性

使用【横排文字工具】在文档中按住鼠标左键并拖曳，绘制出一个文字定界框，然后输入文字，得到一个段落文本。对于段落文本，使用【段落】调板可以很方便地设置段落的属性，执行【窗口】>【段落】命令，打开【段落】调板（单击属性栏中的 ▤ 按钮也可打开【段落】调板），如图 4-74 所示。

"左缩进"用于设置这个段落左侧与定界框的距离，如：

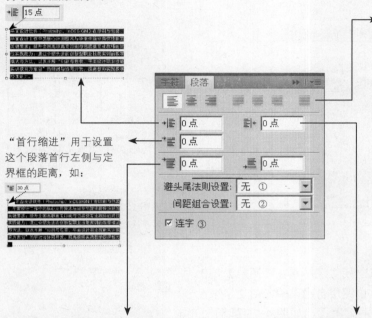

单击段落对齐方式的图标，可以设置段落不同的对齐方式

▤ 左对齐：使段落文本全部强制左对齐，右侧可以不对齐

"首行缩进"用于设置这个段落首行左侧与定界框的距离，如：

▤ 居中对齐：段落文本居中对齐，两侧可以不对齐

▤ 右对齐：使段落文本全部强制右对齐，左侧可以不对齐

"段前添加空格"和"段后添加空格"用于设置段前和段后空格，以调整两个段落之间的行距，如：

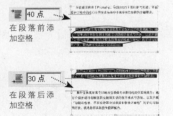

在段落前添加空格

在段落后添加空格

"右缩进"用于设置这个段落右侧与定界框的距离，如：

▤ 末行左齐：段落文本最末一行左对齐，其余左右双齐

▤ 末行居中：段落文本最末一行居中对齐，其余左右双齐

▤ 末行右齐：段落文本最末一行右对齐，其余左右双齐

① 避头尾法则设置：排版时一些符号所处的段前段后位置不符合语法要求，选中该项目可以将其位置重新安排。如顿号不能出现在段首，需要设置避头尾。"JIS严格"比"JIS宽松"可以设置的符号更多。

② 间距组合设置：可以设置某些字符成为全角或者半角字符。

▤ 全部双齐：段落文本全部左右双齐

③ 连字：连字符连接主要针对英文排版，勾选此复选框，当英文单词自动转行时在转行字母后自动添加连字符"-"。

图4-74

❼ 变形文字

文字选项栏中的"创建文字变形"可以使文字产生多种变形效果，如扇形、拱形等。在文字选项栏中单击"创建文字变形"图标，弹出【变形文字】对话框，如图 4-75 所示。

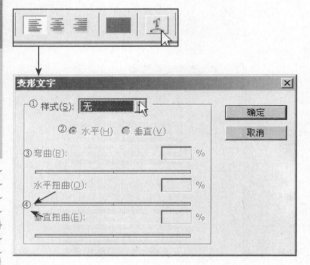

图4-75

❽ 文字图层

使用【横排文字工具】输入一段文字后，在【图层】调板中会自动建立一个文字图层，该图层自动以输入的文字来命名图层，以"T"图标作为图层缩览图，如图 4-76 所示。图层的基本操作同样适用于文字图层。

图4-76

① 单击"样式"下拉列表框右侧的下三角按钮可以在展开的下拉菜单中选择文字变形的样式。

② 用于设置变形方向。
③ 用于设置变形的弯曲程度。
④ 用于设置水平和垂直扭曲程度。

> **✍ 提示**
>
> 图层操作的相关知识请参阅模块06。

❾ 栅格化文字

使用【横排文字工具】创建的文字由于其具有矢量性，因此多种工具和命令不能对文字产生作用。为了能够使用更多工具和命令来创建文字特效（如设计金属字、水滴字等），需要将文字的矢量性去除，将其转换成位图图像，这个转换的操作过程称为"栅格化文字"。如果选取了不能作用于文字的命令，会出现一条是否栅格化的警告信息，在警告信息对话框中单击【确定】按钮即可栅格化图层，如图 4-77 所示。

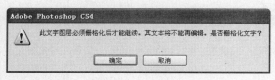

图4-77

栅格化之后可以在【图层】调板中看到该文字图层的缩览图已发生改变，原来的文字图层转变成了普通层，如图 4-78 所示。

图4-78

❿ 路径文字

在路径上创建文本可以使文字沿着用钢笔或形状工具创建的工作路径的边缘排列。

使用【自定形状工具】创建一个形状之后，选择【横排文字工具】，将鼠标移动到该形状的路径上，当光标由↓变成↓时，单击鼠标左键插入输入点，此时键入的文字将沿着路径方向排列，如图 4-79 所示。

图4-79

提示

文字图层处于激活状态，选择绘画工具(如画笔工具)之后，将鼠标指针移动到文档中，变成⊘形状，单击鼠标左键弹出是否栅格化的警告信息。

提示

选择工具箱中的【直接选择工具】，将鼠标移动到文字处，光标变成▶时，按住鼠标左键并拖曳，文字将沿着路径向外移动。

按住鼠标左键向形状内拖曳，可以将文字在路径上向内排列。

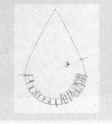

独立实践任务（2课时）

任务二　设计制作电影海报

➡ 任务背景和任务要求

电影公司需要为电影《江山美人》设计一张宣传海报，海报尺寸为280mm×400mm，海报中需要有演员名单、制作单位和赞助企业名录等内容。

➡ 任务分析

将图像抠选合成之后，在文档中输入相关文字，设置好字体、字号和颜色，最后将企业Logo放在合适的位置。

➡ 任务素材

电影公司提供了海报设计需要的图片和文字，以及企业Logo素材。参见光盘素材"模块4\任务二"。

➡ 任务参考效果图

05 模块

设计制作摄影机构宣传单页

——自动功能的应用和获取原稿的方法

任务参考效果图

背面

正面

能力目标

1. 能使用自动功能批处理图像

2. 能正确判断原稿质量

3. 能排版设计宣传单页

专业知识目标

1. 了解宣传单页设计常识

2. 了解图像原稿分辨率和色彩模式

3. 掌握出血设置

软件知识目标

1. 掌握批处理和联系表的操作方法

2. 能正确使用色彩模式

3. 能正确设置图像分辨率

课时安排

4课时（讲课2课时，实践2课时）

模拟制作任务（2课时）

任务一　摄影机构宣传单页的设计与制作

⊖ 任务背景

蓝海摄影机构为了宣传企业品牌需要设计一款宣传单页。

⊖ 任务要求

要求正背四色印刷，纸张要最大程度地还原图像的色彩，厚度要适中。

企业提供文字素材、部分电子图像素材和一本宣传册，设计师可以到网上下载与企业形象相近的、符合印刷质量的图片。

尺寸要求：大度16开(K)

⊖ 任务分析

设计师在开始设计之前要理解客户意图，并提出合理建议。由于企业要求纸张厚度适中且印刷效果要好，因此选择200g的双面亮光铜版纸。由于宣传单页是正背四色印刷，因此采用正背双面过油的纸张，这样能更好地保护图像不被磨损。大度16开尺寸为210mm×285mm，因为要留出血位，因此正背页面尺寸都设置为216mm×291mm。

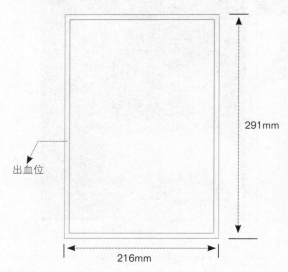

出血位　　　　　291mm

216mm

⊖ 正面设计要求

要求将企业提供的图像缩小，使其都拼贴到正面页面中，并将一张大图融合到拼贴的小图中。

⊖ 正面设计分析

使用Photoshop提供的批量处理图像功能可以很方便地完成类似反复操作的动作，使用【联系表】命令得到拼贴底图。

⊖ 背面设计要求

要求将企业提供的不同来源的图像合理设置后摆放到页面中，并将一张网络图像抠图放置到页面的合适位置。

⊕ 背面设计分析

　　背面所使用的图像来源不一，因此要合理设置图像。来自网络、普通数码相机的图像要修改分辨率，印刷品原稿在扫描时要去网纹。

本案例的难点

如何使如此之多的图案按顺序排列好

如何将儿童图像与底图很好地融合

如何处理不同来源的图像

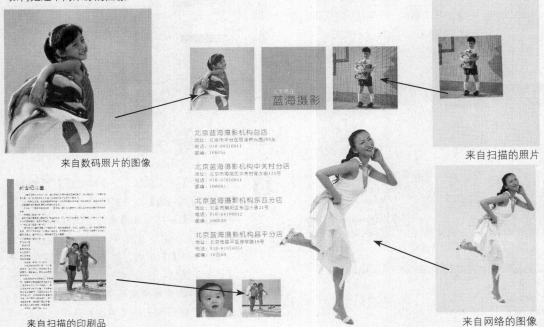

来自数码照片的图像

来自扫描的照片

北京蓝海摄影机构总店
地址：北京市丰台区明泽桥向西200米
电话：010-68310011
邮编：100055

北京蓝海摄影机构中关村分店
地址：北京市海淀区中关村南大街121号
电话：010-57010011
邮编：100083

北京蓝海摄影机构东四分店
地址：北京市朝阳区东四十条21号
电话：010-04186012
邮编：100020

北京蓝海摄影机构昌平分店
地址：北京市昌平区府学路18号
电话：010-81976054
邮编：102200

蓝海摄影

来自扫描的印刷品

来自网络的图像

使用批处理功能缩小图片尺寸

1 将光盘提供的素材 "模块5\任务一\案例5"中的所有文件夹复制到用户自己的计算机中，使用Photoshop打开"001"文件夹中的"103"图像文档，按【Alt+F9】键打开【动作】❶调板，如图5-1所示。

图5-1

2 单击【动作】调板右侧的下三角按钮，在弹出的下拉菜单中选择"新建组"选项，如图5-2（a）所示。在弹出的对话框中单击【确定】按钮，再次单击【动作】调板右侧的下三角按钮，在弹出的下拉菜单中选择"新建动作"选项，如图5-2（b）所示。再在弹出的对话框中单击【记录】按钮，如图5-2（c）所示。

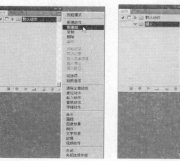

图5-2（a） 图5-2（b）

图5-2（c）

3 可以看到【动作】调板显示为"录制"状态，执行【图像】>【图像大小】命令，在弹出的【图像大小】对话框中勾选【重定图像像素】复选框，"分辨率"设置为"60像素/英寸"，如图5-3所示。单击【确定】按钮。

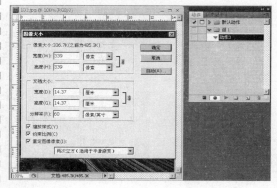

图5-3

4 单击【动作】调板上的【停止播放/记录】按钮，然后单击图像文档右上角的"关闭"按钮，在弹出的对话框中单击【否】按钮，如图5-4所示。

图5-4

5 执行【文件】>【自动】>【批处理】❷命令，在弹出的【批处理】对话框中单击"源"选项组中的【选择】按钮，在弹出的对话框中选择"5案例"中的"001"文件夹，单击【确定】按钮返回【批处理】对话框，单击"目标"选项组中的【选择】按钮，任意选择一个文件夹将图像保存，将所有的选项全部取消勾选，然后再单击【批处理】对话框中的【确定】按钮，如图5-5所示。

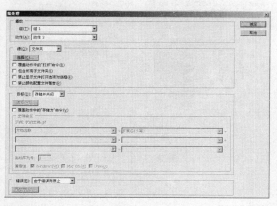

图5-5

6 可以看到文件夹中的图像已自动完成分辨率的转换工作，如图5-6所示。

图5-6

使用联系表拼贴底图

7 执行【文件】>【自动】>【联系表II】命令，在弹出的【联系表II】❸对话框中设置参数，如图5-7所示。单击"源图像"选项组中的【浏览】按钮，在弹出的【浏览文件夹】对话框中选择"5案例"文件夹，单击【确定】按钮，如图5-7所示。

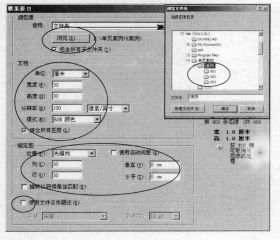

图5-7

8 单击【联系表II】对话框中的【确定】按钮，刚才选择文件夹中的图像自动完成拼贴，得到"联系表-001"图像文档，如图5-8所示。

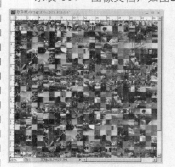

图5-8

9 按【Ctrl+N】键，在弹出的【新建】对话框中将"名称"设置为"5"，"宽度"和"高度"分别为"216毫米"、"291毫米"，"分辨率"为"350像素/英寸"，"颜色模式"为"RGB颜色"，"背景内容"为"白色"，然后单击【确定】按钮，如图5-9所示。

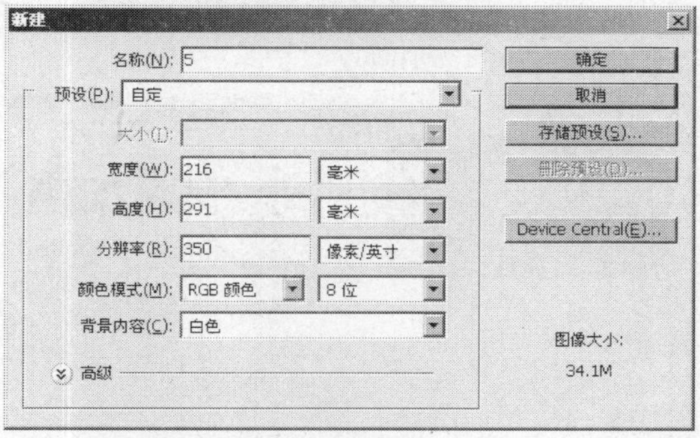

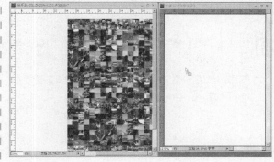

图5-9

10 选择【移动工具】，在"联系表-001"文档中的图像上按住鼠标左键不放并向文档"5"中拖曳，将图像移动到文档"5"中，如图5-10所示。

图5-10

11 按【Ctrl+T】键调出自由变换定界框，按住【Shift】键将图像调整至合适大小，在【图层】调板生成的图层栏上双击鼠标左键，将其命名为"103"，使用【移动工具】将图像移动到文档的左上角，如图5-11所示。

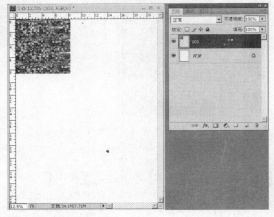

图5-11

12 按【Ctrl+J】键，复制对象到新图层，此时【图层】调板中出现了新的图层，使用【移动工具】在图像上按住鼠标左键不放向右平行拖曳，如图5-12所示。

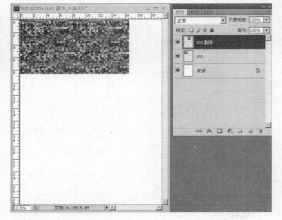

图5-12

13 按住【Shift】键并在【图层】调板中的"103"图层上单击鼠标左键，选中"103"和"103 副本"图层，如图5-13（a）所示。按【Ctrl+E】键合并这两个图层，如图5-13（b）所示。

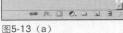

图5-13（a）　　　　　　图5-13（b）

14 用同样的方法复制并移动图像直到将文档空白区域完全覆盖，并将所有复制的图层合并，如图5-14所示。

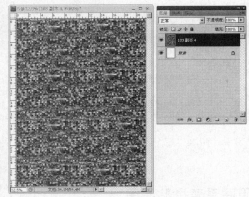

图5-14

前景图像与文字的处理

15 打开素材"模块5\任务一\zhongguoertong3_117"，使用【魔棒工具】，设置"容差"为"0"，在图像的空白处单击鼠标左键，按【Ctrl+Shift+I】键反选选区，然后按【Ctrl+C】键，如图5-15所示。

图5-15

16 在文档"5"的标题栏上单击鼠标左键，激活该文档，按【Ctrl+V】键，将刚才复制的图像粘贴到文档中，如图5-16所示。

图5-16

17 按【Ctrl+T】键调出自由变换定界框，按住【Shift】键，在定界框的左上角控制点上按住鼠标左键不放并向右下方拖曳，将图像调整至合适大小，并将图像拖曳到合适位置，按【Enter】键确认操作，如图5-17所示。

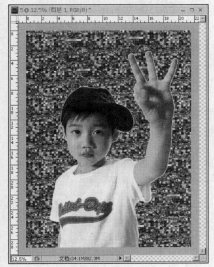

图5-17

18 单击【图层】调板中"103 副本 4"图层左侧的眼睛图标，隐藏该图层，如图5-18所示。

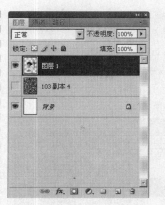

图5-18

19 按【Ctrl+Alt+2】键，图像高光部分选区的蚂蚁线出现在文档中，按【Ctrl+Shift+I】键，反选选区，如图5-19所示。

图5-19

20 单击【图层】调板中的"103 副本 4"图层栏，激活该图层，然后单击其左侧的眼睛图标，如图5-20（a）所示。按【Ctrl+J】键，复制选区内容到新图层上，如图5-20（b）所示。

图5-20（a）　　　　　图5-20（b）

21 按【Ctrl+U】键，弹出【色相/饱和度】对话框，在此对话框中进行设置，将图像转成灰色，按住【Ctrl】键在图5-21（a）所示的【图层】调板中单击"图层1"缩览图，图5-21（a）所示。蚂蚁线出现在文档中，如图5-21（b）所示。

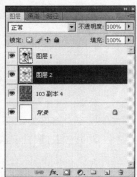 

图5-21（a）　　　　　　图5-21（b）

22 在【图层】调板中单击"103 副本 4"图层缩览图激活该图层，按【Delete】键，删除选区内容，如图5-22所示。

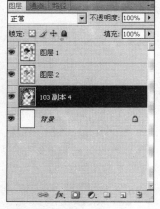

图5-22

23 在【图层】调板中激活"图层1"，单击【图层】调板中的"设置图层的混合模式"下拉列表框右侧的下三角按钮，在展开的下拉菜单中选择"颜色"选项（"图层混合模式"的相关知识请参阅模块06），如图5-23所示。

图5-23

24 可以看到图像发生了变化，按【Ctrl+D】键取消选区，添加"蓝海摄影"等文字，完成效果如图5-24（a）所示。执行【图像】>【模式】>【CMYK颜色】命令，在弹出的对话框中单击【拼合】按钮，如图5-24（b）所示。按【Ctrl+S】键保存文档。

方正中倩_GBK 36点　　　FZDBSJW GB1 018点　FZDBSJW GB1 036点

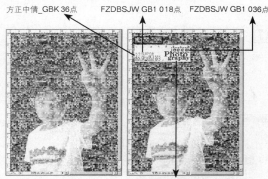

方正中倩_GBK 12点

图5-24（a）

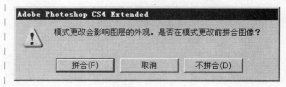

图5-24（b）

宣传单页背面制作

25 按【Ctrl+N】键，在弹出的【新建】对话框中将"名称"设置为"5反面"，"宽度"和"高度"分别为"216毫米"、"291毫米"，"分辨率"为"350像素/英寸"，"颜色模式"为"CMYK颜色"，"背景内容"为"白色"，然后单击【确定】按钮，如图5-25所示。

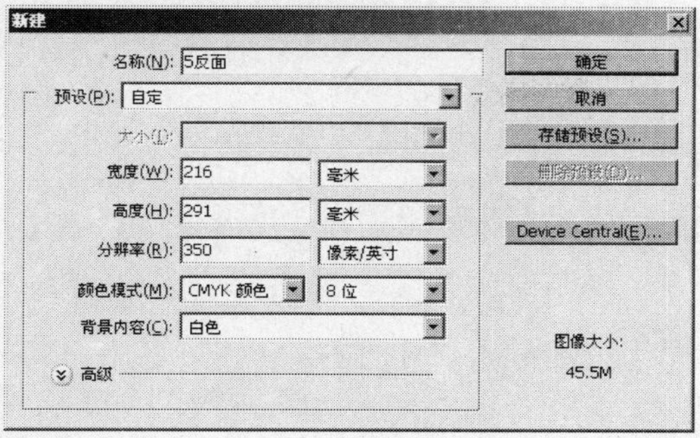

图5-25

26 打开素材"模块5\任务一\chuangyimote3_001"（此素材来源于网络）❹，如图5-26所示。

图5-26

27 使用工具箱中的【钢笔工具】将人物抠选出来，并放置到文档"5反面"的合适位置，如图5-27所示。

图5-27

28 打开素材"模块5\任务一\tongnianshenghuo3_683"（此图像来源于普通数码相机）❹，如图5-28所示。

图5-28

29 执行【图像】>【图像大小】命令，弹出【图像大小】对话框，如图5-29所示。

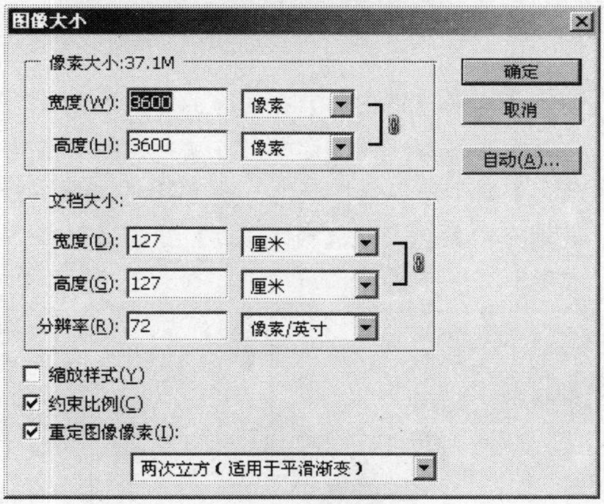

图5-29

30 取消勾选【重定图像像素】复选框，设置分辨率为"350像素/英寸"，如图5-30所示。

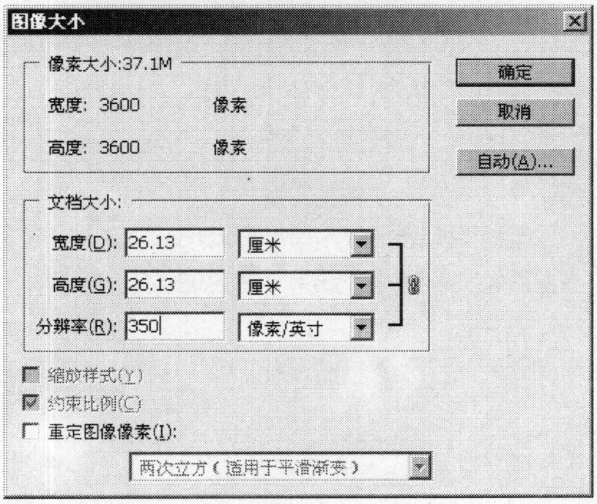

图5-30

31 单击【确定】按钮，使用【移动工具】将图像拖曳到文档"5反面"中，按【Ctrl+T】键调出自由变换定界框，按住【Shift】键将图像缩小，并将其放置到文档的左上侧，按【Enter】键确认，如图5-31所示。

图5-31

32 使用【矩形选框工具】在图像的右侧绘制一个与其大小基本一致的选框，在【拾色器（前景色）】对话框中选择绿色，按【Alt+Delete】键填充前景色，按【Ctrl+D】键取消选择，如图5-32所示。

图5-32

33 打开素材"模块5\任务一\tongnianshenghuo3_89101"（此图像来源于扫描的照片）❹，如图5-33所示。

图5-33

34 由于图像在扫描过程中有一些不需要的边被扫描，因此需要使用【裁剪工具】对其进行裁切。裁切后效果如图5-34所示。

图5-34

35 使用【移动工具】将其放置到文档"5反面"中右上角的位置，按【Ctrl+T】键调出自由变换定界框，调节大小使其与前两个图像大小基本一致，按【Enter】键确认，如图5-35所示。

图5-35

36 打开素材"模块5\任务一\tongnianshenghuo3_73401"（此图像来源于扫描的印刷品）❹，如图5-36所示。

图5-36

37 对图像进行裁切以及去网操作（执行【滤镜】>【杂色】>【蒙尘与划痕】/【中间值】/【去斑】命令进行去网），调整后图像如图5-37所示。

图5-37

38 将图像拖曳至文档"5反面"中，按【Ctrl+T】键调出自由变换定界框，将图像调整至合适大小并放到合适位置，按【Enter】键确认，如图5-38所示。

图5-38

39 打开素材"模块5\任务一\yinger3_570"（此图像来源于高品质数码相机），如图5-39所示。

图5-39

40 将图像裁切并拖曳至文档"5反面"中，调整至合适大小，放置于文档的左下角，如图5-40所示。

图5-40

41 在文档中绿色色块上键入文字"人生尽在蓝海摄影"，如图5-41所示。

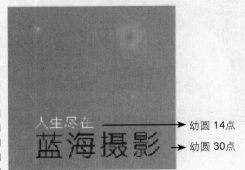

幼圆 14点
幼圆 30点

图5-41

42 打开素材提供的Word文档，将文字全部复制粘贴到文档空白部分，如图5-42所示，按【Ctrl+S】键保存文档。

图5-42

43 至此便完成了单页的制作，如图5-43所示。

图5-43

北京蓝海摄影机构总店
地址：北京市丰台区丽泽桥沟西200米
电话：010-68310011
邮编：100055

北京蓝海摄影机构中关村分店
地址：北京市海淀区中关村南大街121号
电话：010-57010011
邮编：100083

北京蓝海摄影机构东四分店
地址：北京市朝阳区东四十条21号
电话：010-64166012
邮编：100020

北京蓝海摄影机构昌平分店
地址：北京市昌平区府学路18号
电话：010-81976054
邮编：102209

知识点拓展

❶ 动作和【动作】调板

　　【动作】调板可以把对文件的一连串处理过程记录并保存起来,被保存的一系列操作在【动作】调板中称为"动作"。在以后对其他文档使用相同的操作时,只要在【动作】调板中执行该动作就可以完成一系列的操作。

　　执行【窗口】>【动作】命令,可以调用【动作】调板,如图 5-44 所示。

图5-44

① 切换项目开/关:调板中的动作组、动作和命令勾选此复选框即开启,表示该动作组、动作和命令可以执行;如果动作组、动作和命令取消勾选该复选框即关闭,表示不执行该动作组或动作。当动作组中出现取消勾选的操作命令,组和动作的勾选图标将以红色显示,表示部分开启。

② 切换对话开/关:如果调板中的命令前出现图标⬛即表示关闭,动作执行到该命令时会暂停,弹出对话框,此时可修改命令参数,单击【确定】按钮可继续执行以后的动作;如果动作组和动作前出现该图标并显示为红色⬛,则表示该动作中有部分命令设置了关闭。

③ 动作栏中分列着动作组、动作、命令。动作和命令从属于动作组,命令从属于动作。因此在记录动作时,需要先有动作组,然后在组中创建动作,最后在动作中操作命令。
　　动作组是一系列动作的集合;动作是一系列命令的集合;命令是动作中被记录的操作命令,单击命令前的三角按钮 ▷ 可以展开命令,查看到命令的参数。

④ 按钮栏中分列的按钮可以完成不同的操作:【停止播放/记录】按钮用来停止播放动作或停止记录动作;单击【开始记录】按钮,可以开始录制一个新的动作,在录制状态时该按钮显示为红色;单击【播放选定的动作】按钮可以播放调板中选择的动作;单击【创建新组】按钮用来创建一个新的动作组,以保存新建的动作;单击【创建新动作】按钮,可以创建一个新的动作;【删除】按钮用来删除当前选择的动作组、动作和命令。

1. 新建组

　　创建动作之前首先应新建一个动作组,以便将动作保存在该组中。如果不创建新的动作组,则新建的动作会保存到调板中原有并激活的动作组中。打开一张颜色模式为"RGB 颜色"的图像,然后单击【动作】调板右侧的下三角按钮,在展开的下拉菜单中选择"新建组"选项,在弹出的对话框中可以设置

🔹 提示

单击【动作】调板右上角的下三角按钮,在展开的下拉菜单中选择"按钮模式"选项,调板中的动作将以按钮模式显示,如下图所示。取消该命令的勾选,则动作恢复为原来的显示方式。

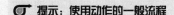

🔹 提示:使用动作的一般流程

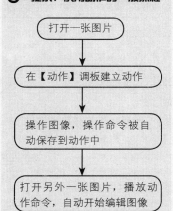

打开一张图片
↓
在【动作】调板建立动作
↓
操作图像,操作命令被自动保存到动作中
↓
打开另外一张图片,播放动作命令,自动开始编辑图像

动作组的名称，然后单击【确定】按钮，如图 5-45 所示。

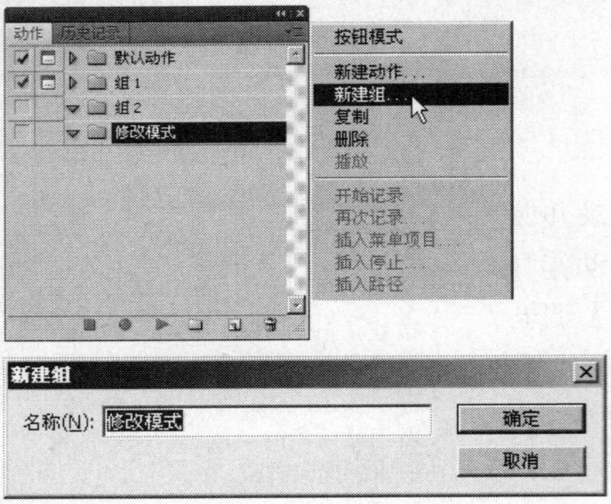

图5-45

2. 新建动作

可以看到新建的组出现在【动作】调板中并呈蓝色显示，单击【动作】调板右侧的下三角按钮，在展开的下拉菜单中选择"新建动作"选项，在弹出的对话框中进行相关设置，单击【记录】按钮，如图 5-46 所示。

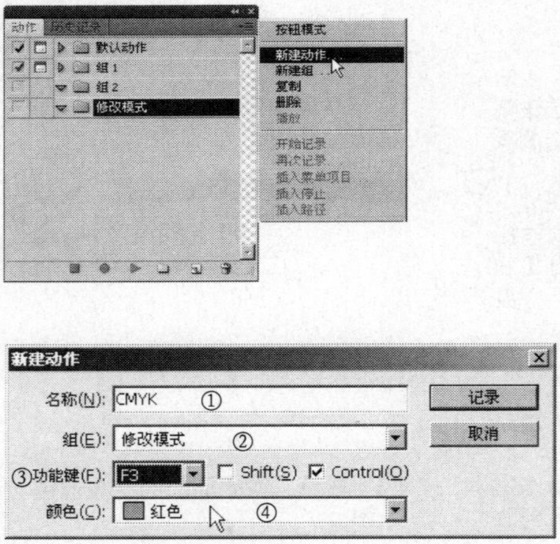

图5-46

① 名称：设置动作的名称。

② 组：在该选项的下拉列表中显示了调板中的所有动作组，选择某一动作组即可将新建的动作保存在该组中，默认情况下动作被保存到被激活的组中。

③ 功能键：用来设置执行动作时的快捷键，可以勾选【Shift】和【Control】复选框来形成组合键，以后执行该动作时，只需按设置的快捷键，就可以执行该动作。如果设置的快捷键与其他命令的快捷键相同，则使用快捷键时执行的是动作，而不会执行其他命令。

④ 颜色：按钮模式下在调板中动作的显示颜色。

提示

Photoshop中，动作可以记录大多数命令和工具操作，即使有些操作不能被记录，也可以通过【插入停止】命令，使动作在执行到某一步时暂停，然后便可以对文件进行手工修改，修改后可继续播放后续的动作。

3. 录制动作

可以看到调板下侧的【开始记录】按钮为红色显示，如图 5-47（a）所示。执行【图像】>【模式】>【CMYK 颜色】命令，可以看到执行的命令被保存到【动作】调板中；如果不执行其他的操作，单击【停止记录】按钮，动作录制完成，如图 5-47（b）所示。

图5-47（a）

图5-47（b）

4. 播放动作

打开另一张图片，然后单击【播放选定的动作】按钮执行播放动作，如图 5-48 所示，即对该图片应用执行刚才动作中记录的命令。

图5-48

Photoshop InDesign

✆ 提示

（1）播放动作

选择一个动作后，单击【动作】调板中的动作按钮 ▶，即可播放该动作中的所有命令。这些命令将按照它们被录制的先后顺序播放。

（2）从指定命令开始播放动作

在动作中选择某一命令，单击【动作】调板中的动作按钮，可以从该命令开始向后播放，在它之前的动作命令不会被播放。

（3）播放单个命令

按住【Ctrl】键双击调板中的某一命令，可单独播放该命令。

（4）播放部分命令

在【动作】调板中，动作组、动作和命令前显示有切换项目开关 ✔ 时，表示可以播放该动作组、动作和命令，如果取消某些命令前的勾选时，这些命令便不能被播放；如果取消某一动作前的勾选时，该动作中的所有命令不能被播放；如果取消某一动作组前的勾选时，该组中的所有动作和命令都不能被播放。

（5）播放按钮模式的动作

如果将调板设置为【按钮模式】，单击调板中的动作名称即可播放该动作。

❷ 批处理

【批处理】命令可以将指定的动作应用于所有的选定文件，实现批量处理图像。执行【文件】>【自动】>【批处理】命令，弹出【批处理】对话框，如图 5-49 所示。

选择【动作】调板中的组和动作，用于使图片执行该动作

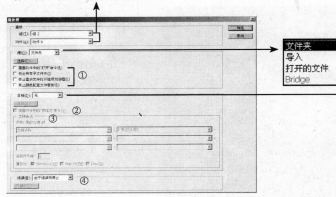

图5-49

在该选项下拉列表中可以选择需要进行批处理的文件来源。
选择"文件夹"后，可以单击下面的【选取】按钮，在弹出的对话框中选择需要执行动作的文件夹，动作将作用于该文件夹中的所有的图像文件。
选择"导入"后，可以对来自数码相机、扫描仪的图像执行该动作。
选择"打开的文件"后，所有打开的文件将执行动作。
选择"Bridge"后，Bridge中选定的图像文档可执行该动作。

① 【覆盖动作中的"打开"命令】：当动作中包含了【打开】命令，勾选该复选框后，在进行批处理时将忽略动作中记录的【打开】命令；【包含所有子文件夹】：勾选该复选框后，指定的文件夹和该文件夹中的所有子文件夹都被选中来进行批处理操作；【禁止显示文件打开选项对话框】：勾选该复选框后，在进行批处理时不会打开文件选项对话框；【禁止颜色配置文件警告】：勾选该复选框后，在进行批处理时可禁止颜色配置方案信息的显示。

目标：在该选项下拉列表中可以指定完成批处理后的文件的保存位置。
选择：将"目的"选项设置为"文件夹"后，可单击该按钮，为文件指定保存的位置。

② 【覆盖动作中的"存储为"命令】：如果动作中包含【存储为】命令，则勾选该复选框后，在进行批处理时，动作中的【存储为】命令将引用批处理的文件，而不是动作中指定的文件名和位置。

③ 【文件命名】：将"目标"选项设置为"文件夹"后，可以在"文件命名"选项组中的6个选项中设置文件的命名规范，还可以在其他选项中指定文件的兼容性，包括Windows、Mac OS等。

④ 设置出现错误的处理选项：在【错误】选项下拉列表中可以选择出现错误时的处理方法。

❸ 联系表

联系表可以通过在一页上显示一系列缩览图来轻松地预览一组图像并对其编目。使用【联系表 II】命令，可自动创建缩览图并将其放在页面上。执行【文件】>【自动】>【联系表 II】命令，弹出【联系表 II】对话框，如图 5-50 所示。

源图像：选择创建联系表的源图像

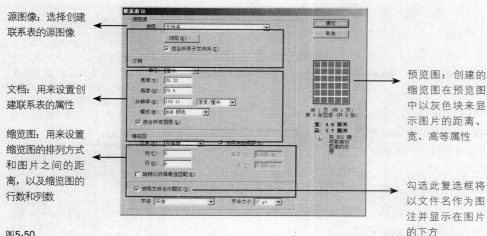

文档：用来设置创建联系表的属性

缩览图：用来设置缩览图的排列方式和图片之间的距离，以及缩览图的行数和列数

预览图：创建的缩览图在预览图中以灰色块来显示图片的距离、宽、高等属性

勾选此复选框将以文件名作为图注并显示在图片的下方

图5-50

❹ 获取原稿

　　好的开始是成功的一半，在用 Photoshop 进行平面设计之前首先要准备好图片素材。通过不同方式获得的图像原稿品质不同，这会在很大程度上影响后面的设计制作环节，下面介绍平面设计工作中常见的原稿来源，如图 5-51 所示。

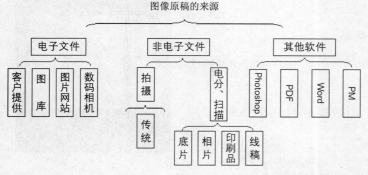

图5-51

　　1. 由电子文件获取原稿

　　电子文件就是指可以直接在电脑上使用的文件格式，在商业平面设计的图像原稿中，电子文件的原稿包括客户提供的电子文件、图库中的图像文件、图片网站上购买的图片和收集的免费图片。

　　（1）客户提供的电子文件

　　有些客户要求在设计过程中使用自己提供的电子文件，但并不是所有的图片都能够符合印刷要求，需要设计师检查这些文件是否符合印刷要求，不符合印刷要求的图片需要和客户进行沟通，更换图片或者对图片进行一些修复处理。

　　（2）图片网站

　　除了传统的光盘图库，还可以从图片网站上购买到最新

⚙ 提示

检查电子文件的内容包括：分辨率大小、尺寸大小、清晰度、色彩。

☀ 知识：图库

光盘图库主要有摄影图库与矢量图库两种。摄影图库运用比较广泛，可以用于制作插图、背景等，矢量图库可以用于插图。

摄影图库种类丰富，包括材质、风景、人物、食物等，风景图库还可以分为自然风景、城市风景、名山大川等。

矢量图库包括卡通形象、矢量边框、底纹等，在设计中可以很好地丰富版面。

的图片素材，并且可以根据需要单独购买某一些图片。

（3）数码拍摄

数码相机无须胶卷并且可以直接获得数字图像。数码相机的图像可以直接使用，但是将数码照片用于印刷，就要注意以下问题：

① 使用数码相机拍摄时，可以将同样的内容使用不同的设置多拍几份，可以使图片的选择有一定的余地。

② 印刷要求图片分辨率通常为"300 像素 / 英寸"，而大多数数码相机拍摄图片的分辨率只有"72 像素 / 英寸"，这样的图片如果用于印刷要缩小尺寸。

2. 由非电子文件获取原稿

非电子文件主要包括摄影底片、照片、印刷品，这类原稿通常需要先经过专业的扫描，转为电子文件进行调整处理。

摄影底片原稿包括 8×10 正片、4×5 正片、120 正片、135 正片、135 负片。

正片和负片的特点及应用如下表所示。

正片	负片
色彩真实饱和，影像的清晰度、明锐度比较高	色彩、清晰度、明锐度相对于正片较差
曝光宽度比较狭窄，稍不足或是过度都会影响影像质量，所以拍摄正片要求曝光一定要十分准确，成本也比较高	操作较为简便，对环境要求不高，成本低廉
经常用做专业用途，如用于印刷的精美图片	在日常生活中运用较为广泛

常用扫描仪分为平台扫描仪和滚筒扫描仪，如图 5-52 所示。

平台扫描仪

滚筒扫描仪

图5-52

（1）扫描仪的适用范围

平台扫描仪：用于扫描一些绘画线稿、公司 Logo 等比较简单的图案，如果客户对图像质量要求不高就可以选择用平台扫描仪。

滚筒扫描仪：通常用来扫描一些要求较高的图像，以保证高档印刷品的质量。

（2）扫描的基础知识

要求较高的原稿需要交由专业的公司，由专业人员用滚筒扫描仪或更专业的电子分色设备获取。虽然扫描的工作是由专业人员完成，但是也需要设计师根据用途与专业人员进行沟通，使原稿符合设计要求。

在扫描之前，设计师应该清楚设计作品的印刷加网线数以及原稿在使用时的大概尺寸。

使用扫描仪扫描印刷品原稿必须在扫描时进行去网设置，绝大多数的平台扫描仪都有相关去网设置，以 EPSON 扫描仪为例，勾选【去网纹】复选框,对于精美的印刷品原稿可以在【去网纹】选项中设置参数为"175lpi"，对于普通印刷品原稿，可以将参数设置为"150lpi"，如图 5-53 所示。

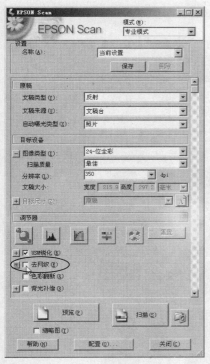

图5-53

层次丰富，局部细节清晰可见 　层次欠缺，局部细节严重丢失

全屏显示 　　　　　　　　100%显示

独立实践任务（2课时）

任务二　批处理一些宣传单页需要的配图

➡ 任务背景和任务要求

　　星翔画廊委托设计公司为其设计制作一款宣传单页，宣传单页为正背彩色印刷，成品尺寸为170mm×240mm，画廊提供了部分素材。

➡ 任务分析

　　在Photoshop中新建正面文档并设置好尺寸，将正面所用到的图像从素材图像中抠选出来拼合到正面文档中，键入文字完成正面设计，再新建一个同样尺寸的文档，使用Photoshop的自动功能完成图片的拼合。

➡ 任务素材

　　任务素材参见光盘素材"模块5\任务二"，部分素材图片如下。

➡ 任务参考效果图

正面　　　　　　　　　　　　　　背面

06 模块

设计制作境象公司挂历封面
——图层的综合应用

任务参考效果图

➜ **能力目标**

1. 能使用图层样式设置出各种效果，如浮雕、发光等
2. 能使用图层混合模式制作出各种效果，如正片叠底、叠加

➜ **专业知识目标**

了解挂历的设计常识

➜ **软件知识目标**

1. 掌握图层样式的设置方法
2. 掌握图层混合模式的应用

➜ **课时安排**

4课时（讲课2课时，实践2课时）

模拟制作任务（2课时）

任务一　境象公司挂历封面的设计与制作

⊙ 任务背景

境象公司最新推出了一款游戏，深受好评，现制作限量珍藏版挂历回馈热爱此游戏的广大玩家。

⊙ 任务要求

为体现游戏的宏伟场面和视觉冲击力，客户提供了游戏场景的部分图片。

成品尺寸：450mm×600mm

挂历在设计时一定要考虑到装订问题，根据装订方式的不同留出相应的位置，所以图像不能太靠近装订位置，要在图像顶端留出10多厘米的装订位置。

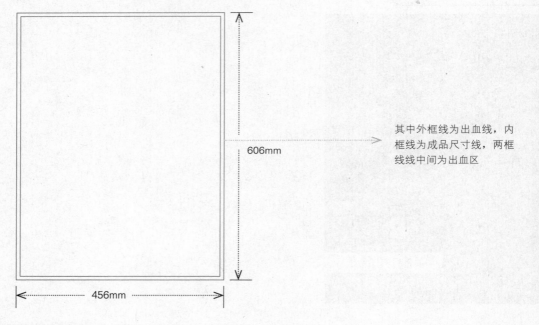

其中外框线为出血线，内框线为成品尺寸线，两框线线中间为出血区

⊙ 任务分析

设计师开始设计之前一定要将尺寸计算好，由于是采用印刷方式，因此本任务设计的挂历❶需要四面裁切，在图像的四边都要留出出血位。由于成品尺寸为450mm×600mm，因此在Photoshop中设置文档的宽、高尺寸分别为456mm、606mm。

⊙ 图像设计分析

使用图层样式制作图像的各种效果。

本案例的难点

如何绘制出标准星形

如何使图像具有发光效果

β　β
α　α

如何使平面图像变得立体

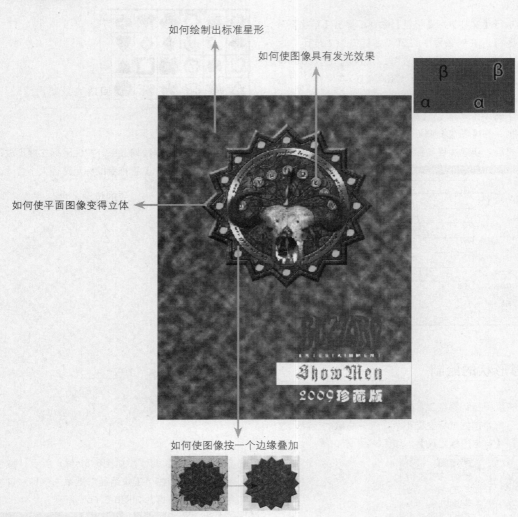

如何使图像按一个边缘叠加

新建合格文档

1 执行【文件】>【新建】命令，弹出【新建】对话框，在对话框中设置"名称"为"挂历"、"宽度"为"456毫米"、"高度"为"606毫米"、"分辨率"为"300像素/英寸"、"颜色模式"为"CMYK颜色"、"背景内容"为"透明"，单击【确定】按钮即可新建一个文档，在【图层】调板上可以看到有一个透明的背景层，新建过程如图6-1所示。

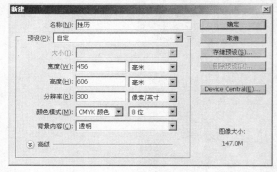

图6-1

星形形状的绘制

2 将鼠标指针移至工具箱中【矩形工具】按钮的小三角处按住鼠标左键不放，打开隐藏的工具，选择【自定形状工具】，如图6-2所示。

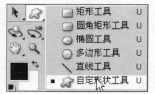

图6-2

3 单击工具选项栏上"形状"选项右侧的下三角按钮，打开形状面板，选择❀图标，如图6-3所示（若形状面板中没有此图形，可以单击菜单右侧的黑色三角按钮，在下拉菜单中选择"全部"选项，在弹出的对话框中选择"追加"即可）。

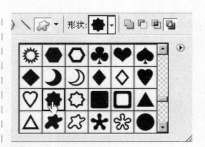

图6-3

4 在文档中的中垂线偏上部分按住鼠标左键不放，按住【Shift+Alt】键拖曳鼠标至路径大小合适，如图6-4所示。

图6-4

5 打开【路径】调板，如图6-5（a）所示。按住【Ctrl】键，在"工作路径"上单击鼠标左键将路径转换为选区，如图6-5（b）所示。

图6-5（a）   图6-5（b）

6 选择工具箱中的【设置前景色】工具，弹出【拾色器（前景色）】对话框，在取值栏内设置"C=61"、"M=60"、"Y=100"、"K=17"，单击【确定】按钮，如图6-6所示。

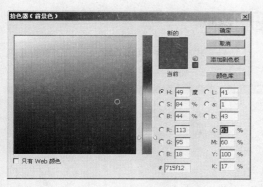

图6-6

7 按【Alt+Delete】键对选区填充前景色，打开【图层】调板❷❸，在"图层1"上按住鼠标左键不放拖曳至调板下方的【创建新图层】❹按钮上，此时在"图层1"上出现了一个新的图层"图层1 副本"，如图6-7所示。

图6-7

8 按【Ctrl+T】键在图像周围出现自由变换定界框，将鼠标指针移至定界框的右上角控制点处，当图标变成↰时按住鼠标左键不放拖曳至角度合适，松开鼠标，按【Enter】键确认操作，如图6-8所示。

图6-8

9 按【Ctrl+D】键取消选区，再按住【Ctrl】键在"图层1"上单击鼠标左键将两个图层全部选中，按【Ctrl+E】键将图层合并，如图6-9所示。

图6-9

10 双击【图层】调板中的"图层1 副本"，弹出【图层样式】对话框，在"斜面和浮雕"选项上单击鼠标左键选择该项，并打开"斜面和浮雕"设置框，设置"深度"为"400%"，"大小"为"54像素"，单击【确定】按钮，如图6-10所示。

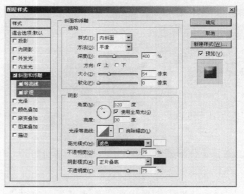

图6-10

为星形填充图案

11 打开素材"模块6\任务一\GL-DM"文档，执行【选择】>【色彩范围】命令，在图像中地面的裂缝处单击鼠标左键进行取样，调节"颜色容差"为"33"，单击【确定】按钮，如图6-11所示。

图6-11

12 选择工具箱中的【移动工具】将选区内的裂纹图像拖曳至"挂历"文档中，按【Ctrl+T】键调出自由变换定界框，将图像拉大直至覆盖住"图层1 副本"中的图像，按【Enter】键确认操作，如图6-12所示。

图6-12

13 在【图层】调板❸中的"图层1"上右击，在弹出的快捷菜单中选择【创建剪贴蒙版】命令，如图6-13（a）所示，此时多边形外的图像被隐藏，如图6-13（b）所示。

图6-13（a）　　　图6-13（b）

14 在"图层1"的图层上双击弹出【图层样式】对话框，在"斜面和浮雕"选项上单击鼠标左键选择该项，并打开"斜面和浮雕"设置框，设置"样式"为"枕状浮雕"，"深度"为"100%"，"大小"为"10像素"，单击【确定】按钮，如图6-14所示。

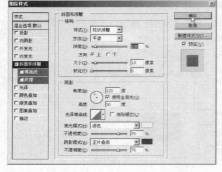

图6-14

15 选择工具箱中的【设置前景色】工具，弹出【拾色器（前景色）】对话框，设置"C=35"、"M=30"、"Y=25"、"K=0"，单击【确定】按钮，如图6-15所示。

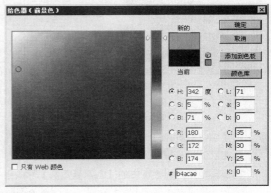

图6-15

16 新建一个图层，按【Alt+Delete】键对图层填充前景色，在【图层】调板中的"图层2"上右击，在弹出的快捷菜单中选择【创建剪贴蒙版】命令，新建一个剪贴蒙版图层，设置图层混合模式❻为"正片叠底"，如图6-16所示。

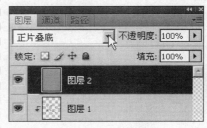

图6-16

17 打开素材"模块6\任务—\GL-DM2"，使用工具箱中的【移动工具】将图像拖曳到"挂历"文档中，使用自由变换定界框调节图像大小，如图6-17（a）所示，设置图层混合模式为"叠加"，如图6-17（b）所示。

图6-17（a）　　　图6-17（b）

18 新建一个图层，在"图层4"上右击，在弹出的快捷菜单中选择【创建剪贴蒙版】命令，新建一个剪贴蒙版图层，执行【滤镜】>【渲染】>【云彩】命令，如图6-18（a）所示。选择图层混合模式为"叠加"，效果如图6-18（b）所示。

图6-18（a）　　　图6-18（b）

19 单击【图层】调板下方的【创建新的填充或调整图层】按钮，新建一个"色阶"图层，调节色阶直方图的各点取值，"输入色阶"的"黑场"为"93"、"灰场"为"1.00"、"白场"为"187"，"输出色阶"的"黑场"为"12"、"白场"为"221"，如图6-19（a）所示。将其转换为剪贴蒙版图层，效果如图6-19（b）所示。

图6-19（a）　　　图6-19（b）

20 单击【图层】调板下方的【创建新图层】按钮，新建一个图层，此图层为"图层5"，在"图层1 副本"的图层缩览图上按住【Ctrl】键单击鼠标左键，此时在星状图的周围会出现选区，如图6-20（a）所示。打开【路径】调板，单击【路径】调板下方的【从选区生成工作路径】按钮，双击"工作路径"将路径命名为"星形"，单击【确定】按钮存储路径，如图6-20（b）所示。

图6-20（a）　　　图6-20（b）

21 按【Ctrl+T】键调出自由变换定界框，按住【Shift+Alt】键调节星形路径的大小至比之前的路径小，按【Enter】键，如图6-21所示。

图6-21

22 返回【图层】调板，在"图层5"上单击鼠标左键选择该图层，如图6-22（a）所示。选择工具箱中的【画笔工具】，在画笔选项栏中单击"画笔"选项右侧的下三角按钮，打开画笔面板，设置"主直径"为"40px"、"硬度"为"100%"；然后设置"前景色"为黑色，如图6-22（b）所示。

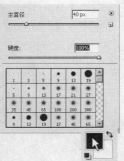

图6-22（a）　　　图6-22（b）

23 打开【路径】调板，在"星形"路径上右击，在弹出的快捷菜单中选择【描边路径】命令，弹出【描边路径】对话框，选择"画笔"选项，对路径进行描边，如图6-23（a）所示。返回【图层】调板，双击"图层5"弹出【图层样式】❺对话框，单击"斜面和浮雕"选项，打开"斜面和浮雕"设置框，设置"样式"为"枕状浮雕"、"大小"为"10像素"，如图6-23（b）所示。

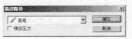

图6-23（a）

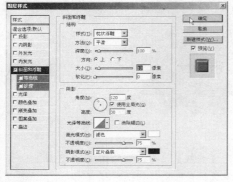

图6-23（b）

修饰图案的制作

24 打开素材"模块6\任务一\GL-FSX"，使用【移动工具】将素材内的图像拖曳到"挂历"文档中的合适位置，如图6-24所示，此图层在【图层】调板中显示为"图层6"。

图6-24

25 新建一个图层，此图层在【图层】调板中显示为"图层7"，使用工具箱中的【椭圆选框工具】，在直线的端点处按住【Shift+Alt】键的同时按住鼠标左键不放，并拖曳至选框大小合适，如图6-25所示。

图6-25

26 选择一个浅一点的棕色填充选区，双击"图层7"，弹出【图层样式】对话框，单击"斜面和浮雕"选项，打开"斜面和浮雕"设置框，设置"样式"为"内斜面"、"深度"为"101%"、"大小"为"20像素"，如图6-26（a）所示。单击"描边"选项，打开"描边"设置框，设置"大小"为"10像素"、"位置"为"外部"、"颜色"为"黑色"，如图6-26（b）所示。单击【确定】按钮，按【Ctrl+D】键取消选区。

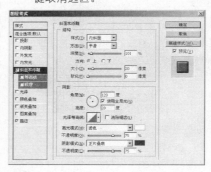

图6-26（a）

图6-26（b）

27 在"图层7"上按住鼠标左键不放拖曳鼠标至【图层】调板下方的【创建新图层】按钮上,复制一个"图层7 副本",如图6-27所示。

图6-27

28 选择工具箱中的【移动工具】,在刚刚绘制的圆上按住鼠标左键不放拖曳至第二根线的端点处松开鼠标,如图6-28所示。

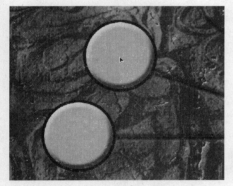

图6-28

29 按以上方法再复制7个图层,效果如图6-29所示。

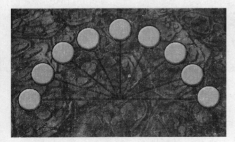

图6-29

30 按住【Ctrl】键,在"图层7"及其各副本图层上单击鼠标左键,将其全部选中,按【Ctrl+E】键合并图层,如图6-30所示。

图6-30

31 选中"色阶1"和"图层2"、"图层3"及"图层4",并将其拖曳到【图层】调板下方的【创建新图层】按钮上复制图层,如图6-31所示。

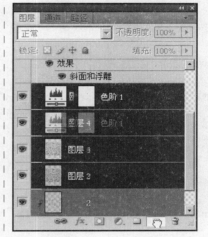

图6-31

32 将复制的图层拖曳到"图层7 副本8"的上方,并将它们转换为剪贴蒙版图层,效果如图6-32所示。

图6-32

33 双击"色阶1 副本"图层，弹出【色阶】对话框，设置"输入色阶"的"黑场"取值为"33"、"白场"为"255"，效果如图6-33所示。

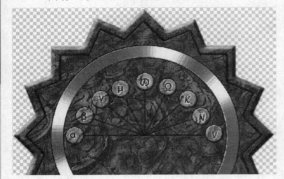

图6-33

34 设置"前景色"为黑色，选择工具箱中的【横排文字工具】，在文档空白区域键入"α、β、γ…"等字形，并将其依次拖曳到各个圆上，并将所有文字图层合并，效果如图6-34所示。

图6-34

35 双击合并的文字图层，弹出【图层样式】对话框，单击"外发光"选项，打开"外发光"设置框，设置"混合模式" **⑥** 为"颜色减淡"、"发光颜色"为"红色"、"方法"为"柔和"、"扩展"为"3%"、"大小"为"20像素"，如图6-35（a）所示。单击"斜面和浮雕"选项，打开"斜面和浮雕"设置框，设置"样式"为"枕状浮雕"、"深度"为"100%"、"大小"为"5像素"，如图6-35（b）所示。单击【确定】按钮，效果如图6-35（c）所示。

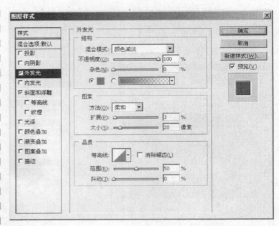

图6-35（a）

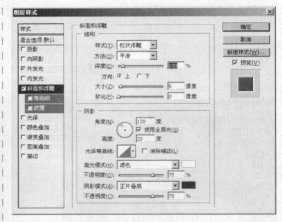

图6-35（b）

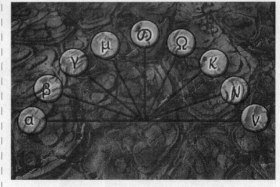

图6-35（c）

36 新建一个图层，选择工具箱中的【椭圆选框工具】，选择工具栏中的"从选区中减去"选项，在图像中绘制两个同心正圆，如图6-36所示。

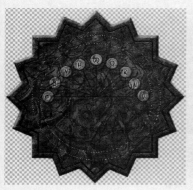

图6-36

37 填充一个浅棕色，在【图层样式】对话框中，设置"斜面和浮雕"以及"描边"效果。设置"斜面和浮雕"效果的"样式"为"枕状浮雕"、"深度"为"101%"、"大小"为"10像素"，如图6-37（a）所示。"描边"效果的"大小"为"10像素"、"位置"为"外部"、"颜色"为"黑色"，如图6-37（b）所示。单击【确定】按钮，效果如图6-37（c）所示。

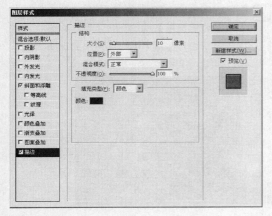

图6-37（a）

图6-37（b）

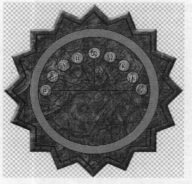

图6-37（c）

38 按【Ctrl+D】键取消选区，新建一个剪贴蒙版图层，使用【椭圆选框工具】绘制两个同心正圆，其中一个与之前绘制的同心正圆的大圆大小一样，另外一个比之前的小圆小，如图6-38所示。

图6-38

39 按【Alt+Delete】键填充前景色，双击此图层，弹出【图层样式】对话框，勾选【斜面和浮雕】和【光泽】复选框。单击"斜面和浮雕"选项，打开"斜面和浮雕"设置框，设置"样式"为"内斜面"、"方法"为"雕刻清晰"、"深度"为"174%"、"大小"为"167像素"、"光泽等高线"为"环形-双环"、"高光模式"为"颜色减淡"、"不透明度"为"33%"，如图6-39（a）所示。单击"光泽"选项，打开"光泽"设置框，设置"颜色"为"黄色"、"不透明度"为"50%"、"角度"为"19度"、"距离"为"11像素"、"大小"为"14像素"、"等高线"为"锥形"，如图6-39（b）所示。单击【确定】按钮确认操作，效果如图6-39（c）所示。

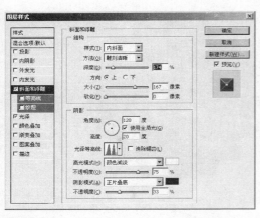

图6-39（a）

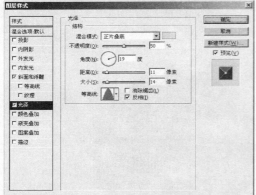

图6-39（b）

图6-40

41 返回【图层】调板，设置"前景色"为黑色，使用【横排文字工具】键入一些英文，再选择【移动工具】，将文字图层栅格化，双击图层弹出【图层样式】对话框，在对话框中设置"斜面和浮雕"效果，设置"样式"为"枕状浮雕"、"深度"为"269%"、"大小"为"5像素"，如图6-41所示。

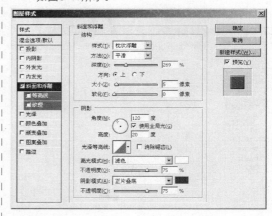

图6-41

42 新建一个图层，在星形图像的一个角处使用【椭圆选框工具】绘制一个正圆，设置"前景色"为棕色，按【Alt＋Delete】键填充前景色，如图6-42所示。

图6-39（c）

40 按【Ctrl＋D】键取消选区，使用【椭圆选框工具】在金色圈内绘制一个正圆选区。打开【路径】调板，单击【路径】调板下方的【从选区生成工作路径】按钮，然后双击"工作路径"将路径保存，如图6-40所示。

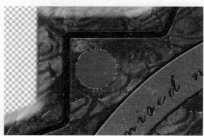

图6-42

43 双击上一步新建的图层，弹出【图层样式】对话框，勾选【内发光】、【斜面和浮雕】、【光泽】和【描边】复选框。单击"内发光"选项，打开"内发光"设置框，设置"混合模式"为"变亮"、"颜色"为"橙色"、"方法"为"精确"、"等高线"为"环形-双环"、"范围"为"52%"，如图6-43（a）所示；单击"斜面和浮雕"选项，打开"斜面和浮雕"设置框，设置"样式"为"浮雕效果"、"深度"为"52%"、"大小"为"8像素"、"软化"为"16像素"、"光泽等高线"为"环形-双环"，如图6-43（b）所示；单击"光泽"选项，打开"光泽"设置框，设置"混合模式"为"正片叠底"、"颜色"为"橙色"、"不透明度"为"42%"、"角度"为"124度"、"距离"为"5像素"、"等高线"为"高斯"，如图6-43（c）所示；单击"描边"选项，打开"描边"设置框，设置"大小"为"10像素"、"不透明度"为"100%"，"颜色"为"黑色"，如图6-43（d）所示，单击【确定】按钮。

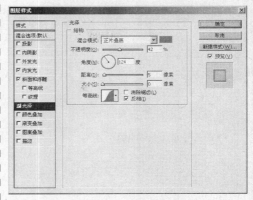

图6-43（c）

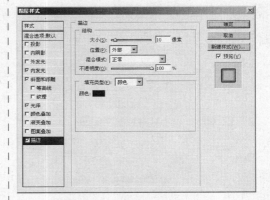

图6-43（d）

44 将图层复制15个并将图像分别拖曳到星形图像的各个角上，如图6-44所示。

图6-44

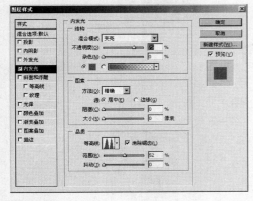

图6-43（a）

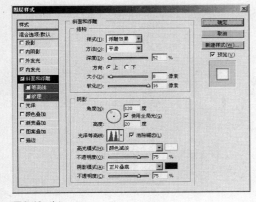

图6-43（b）

45 使用【钢笔工具】在图像上绘制一个指针的轮廓，如图6-45所示。

图6-45

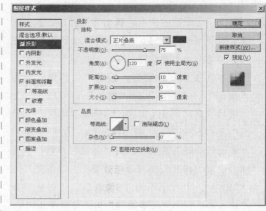

图6-47（a）

46 双击"工作路径"将路径存储，按住【Ctrl】键在路径层上单击鼠标左键将路径生成为选区，新建一个图层，按【Alt+Delete】键填充前景色，执行【滤镜】>【杂色】>【添加杂色】命令对选区添加杂色，如图6-46（a）所示。在弹出的【添加杂色】对话框中设置"数量"为"40%"，如图6-46（b）所示。单击【确定】按钮。

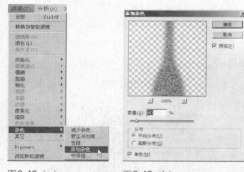

图6-46（a）　　图6-46（b）

图6-47（b）

47 双击指针轮廓图层弹出【图层样式】对话框，勾选【投影】和【斜面和浮雕】复选框，单击"投影选项，打开"投影"设置框，设置"距离"为"10像素"，如图6-47（a）所示。单击"斜面和浮雕"选项，打开"斜面和浮雕"设置框，设置"样式"为"内斜面"、"深度"为"100%"、"大小"为"59像素"、"软化"为"16像素"、"光泽等高线"为"高斯分布"，勾选【消除锯齿】复选框，如图6-47（b）所示。

48 在效果层上右击，在弹出的快捷菜单中选择【创建图层】命令，如图6-48所示。

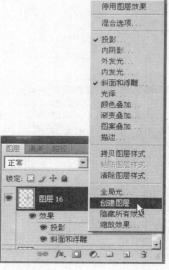

图6-48

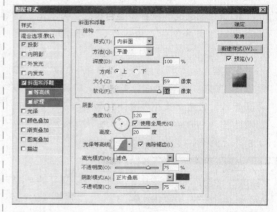

49 选中创建的投影层，按【Ctrl+T】键调出自由变换定界框调节影子的方向和大小，效果如图6-49所示。

图6-49

50 打开素材"模块6\任务一\GL-NG"，选择工具箱中的【移动工具】将图像拖曳到"挂历"文档中的合适位置，如图6-50所示。

图6-50

51 按照第19步的方法新建一个"色阶"剪贴蒙版图层，调节色阶的"黑场"为"96"、"白场"为"229"，图像上牛角的区域会变暗，如图6-51所示。

图6-51

52 方法同上，新建一个"曲线"剪贴蒙版图层，调节曲线形状，如图6-52（a）所示，效果如图6-52（b）所示。

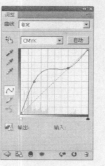

图6-52（a）

图6-52（b）

挂历背景与文字制作

53 选中和"色阶1"图层和渲染"云彩"的图层即"图层4"，将其复制并拖曳到最底层，如图6-53所示。此时就完成了挂历封面底图的制作。

图6-53

54 接下来只需输入文字并将其放置到合适位置即可，如图6-54所示。

图6-54

55 按住【Ctrl】键选中"ShowMen"和白色矩形的图层并右击，在弹出的快捷菜单中选择【链接图层】命令，将图层链接，如图6-55所示。

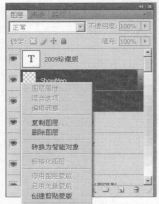

图6-55

56 打开素材"模块6\任务一\GL-LOGO"，使用工具箱中的【移动工具】将Logo拖曳到"挂历"文档中的合适位置并调节大小，至此就完成了挂历封面的设计制作，如图6-56所示。

图6-56

知识点拓展

❶ 挂历和台历的基本常识

　　挂历和台历设计是平面设计中一种很重要的产品类型，通常挂历和台历使用环装的装订方式，设计师在设计时要考虑穿环的位置，因此文档中的文字或图像不能靠上方边缘太近，需至少留出 20mm 的位置。挂历和台历印刷通常使用较厚的纸张，如 200g 以上的铜版纸或特种纸，如图 6-57 所示。

　　挂历或台历的印刷属于单张印刷，在印刷完成后需要四面裁切，因此设计师在设计时要考虑四周留出出血位。

图6-57

❷ 图层

　　早期的 Photoshop 并没有图层功能，要完成图像合成非常困难，图层功能的加入大大拓展了设计师的思维，丰富了设计师的手法，创造出了更加绚丽梦幻的效果，【图层】调板如图 6-58 所示。

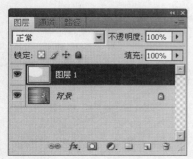

图6-58

☀ 知识

挂历的出版发行改变了我国传统的"历书"和"年历"记时法，过去年末岁尾，家家户户买几张年历画贴在堂屋内，一贴一年，天天都是老模样，而挂历12个月具有12张不同的画面，而且画面美观大方，月月给人一种新鲜感，因此，挂历一上市就受到了人们的喜爱。

☀ 知识

将一个文档中的图像拖曳到另一个文档中时，那么拖曳到的文档的【图层】调板中就会自动生成一个新的图层，并会自动为新图层命名。

任何一个文档在Photoshop中打开之后在图层调板中都会有"背景"层。

Photoshop InDesign

❸【图层】调板中的背景层

打开任何一张图片都至少有一个图层，未经编辑的图像图层名称通常默认为"背景"，如图 6-59 所示。

图6-59

在【图层】调板中，设计师所建立的图层都会显示出来。图层的类型包括：背景层、普通层、智能对象层、文本层、图层组等几种，如图 6-60 所示。

图6-60

在【新建】对话框中的"背景内容"选项中选择"背景色"或者"白色"，建立的文档图层默认为"背景"层，如图 6-61 所示。

图6-61

在一张图像中，只能出现一个背景层，背景层与其他形式图层有很大的区别，在今后的学习中将逐步学到。

在【图层】调板的图层上双击，在弹出的【新建图层】对话框中单击【确定】按钮，背景图层将被转成普通图层，如图 6-62 所示。

图6-62

※ 知识

在【图层】调板中的"背景"图层缩览图上双击，会弹出【新建图层】对话框。

可以在"名称"中输入新名字来命名图层，在"颜色"中设置图层的显示颜色。

也可以通过选择【图层】>【新建】>【背景图层】命令，来将背景图层转换为一个普通图层。

❹ 操作图层

1. 创建新图层

以下 4 种方式都可以创建新图层。

方法 1：用鼠标左键单击【图层】调板底部的【创建新图层】按钮，可以创建一个新图层，如图 6-63 所示。

图6-63

※ 知识

在图层上右击，在弹出的快捷菜单中选择【合并可见图层】命令，可以将所有的显示图层合并，选择【拼合图像】命令可以将所有图层合并为背景图层。

方法 2：在【图层】调板上，用鼠标左键单击调板右上方的小三角按钮，在弹出的菜单中选择【新建图层】命令，即可在【图层】调板中创建一个新图层，如图 6-64 所示。

☞ 提示

用鼠标左键单击 ◯ 按钮，可以新建调整图层，调整图层的具体操作方法将在后面部分中详细讲解。

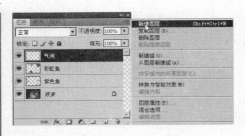

图6-64

方法3：从"图层"菜单中建立新图层。执行【图层】>【新建】>【图层】命令，可以创建一个新图层，如图6-65所示。

图6-65

方法4：通过复制、粘贴获得新的普通层。先在要复制的图上建立选区，执行【编辑】>【拷贝】命令，如图6-66所示。激活合成图，执行【编辑】>【粘贴】命令，图像被粘贴到合成图中，并且自动在背景层上建立一个新的普通层，如图6-67所示。

图6-66

图6-67

2. 选择图层

在【图层】调板的任意图层上单击鼠标左键，这个图层会以蓝色显示，表示当前选中了这个图层，如图6-68所示。

图6-68

> **提示**
>
> 使用工具箱中的【移动工具】，在选区内的图像上按住鼠标左键将其拖曳到目标文档中时，在目标文档中可自动生成新的图层。

当选中了一个图层之后，按住【Shift】键并在其他图层上单击鼠标左键，此时这两个图层之间所有图层以蓝色显示，表示这些图层都被选中，如图6-69所示。

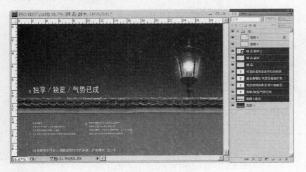
图6-69

提示

按住【Shift】键选中的是多个相邻的图层，按住【Ctrl】键可以选中多个不相邻的图层。

当选中了一个图层之后，按住【Ctrl】键并在其他图层上单击鼠标左键，此时被单击过的图层以蓝色显示，表示这些图层都被选中，如图6-70所示。

图6-70

3. 复制图层

在【图层】调板中，将一个图层用鼠标直接拖动到调板下面的【创建新图层】按钮上，可将此图层复制，如图6-71所示。也可以选中图层后在【图层】调板右边的弹出式菜单中选择【复制图层】命令，或执行【图层】>【复制图层】命令。

图6-71

提示：删除图层的方法

将图层名称直接拖到【图层】调板右下部的【删除图层】按钮上，即可将其删除，如下图所示；也可以选中图层后在调板右边的弹出式菜单中选择【删除图层】命令，或执行【图层】>【删除图层】命令。

4. 调整图层排列顺序

直接用鼠标拖动图层并上下移动可改变图层间的排列顺序。如图6-72所示，单击"彩虹鱼"图层并拖动其向下移，直到"紫色鱼"图层的下线变黑后，松开鼠标，则"彩虹鱼"图层被放到了"紫色鱼"图层的下面。

图6-72

❺ 图层样式

图层样式是图层中一项非常重要的功能，设计师在进行图像合成时设置图层样式，比如添加阴影、设置发光等，不必再像从前一样需要到通道中才能完成，从而降低了 Photoshop 的学习难度，也提高了设计师的工作效率。

1. 调用图层样式

方法 1：从菜单栏中调用。在【图层】调板中先单击需要设置图层样式的图层，执行【图层】>【图层样式】命令，在【图层样式】的级联菜单中可以看到所有的图层样式，任意选择一个选项，即可弹出【图层样式】对话框。【图层样式】对话框分为两部分，左边为"样式"选框，在其中可以选择自己想要的样式效果；右边为样式设置框，在这里可以通过改变参数来设置样式效果的程度，如图 6-73 所示。

 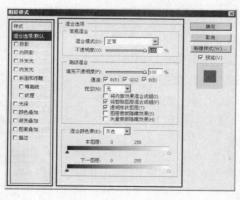

图6-73

方法 2：从【图层】调板中调用。在【图层】调板中先单击需要设置图层样式的图层，单击【图层】调板中的【图层样式】图标 *f×*，在弹出的菜单中选择任意图层样式，即可弹出【图层样式】对话框，如图 6-74 所示。

方法 3：双击图层栏调用。在【图层】调板中双击需要设置图层样式的图层，可以弹出【图层样式】对话框，如图 6-75 所示。

图6-74

图6-75

方法4：右击图层栏调用。在【图层】调板中需要设置图层样式的图层缩览图上右击，在弹出的快捷菜单中选择【混合选项】命令，即可弹出【图层样式】对话框，如图6-76所示。

图6-76

2. 应用图层样式

（1）样式

在【图层样式】对话框中第一项就是"样式"，在"样式"选项上单击鼠标左键，Photoshop自带一些默认的图层样式被排列在样式框中，单击任意一款样式，这个样式就被作用到图层上，如图6-77所示。

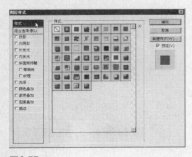

图6-77

单击"样式"选框右侧的小三角按钮⊙，在弹出的菜单中可以选择更多的样式库，选择一款样式库之后，会弹出一个【图层样式】对话框，单击【确定】按钮即可用选择的样式库替换当前的样式库，单击【追加】按钮则在当前的样式库上添加选择的样式库，如图 6-78 所示。

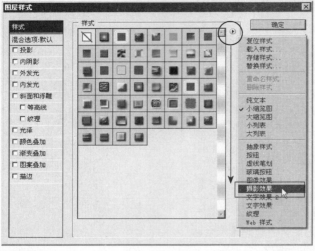

图6-78

（2）投影

单击"样式"选项框中的"投影"选项，此时"投影"选项的复选框被勾选，选项呈蓝色显示，右侧的设置框也随之变化为"投影"设置框。"投影"样式通常用于为图层对象添加阴影效果，如图 6-79 所示。

混合模式：用于设定图层样式与下层图层的混合方式，最好使用默认方式

"角度"用于设置光照角度，即投影的方向；"距离"用于指定偏移距离；"扩展"用于扩大杂边边界；可以得到较硬的边界；"大于"用于设置虚化的程度

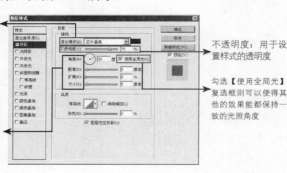

不透明度：用于设置样式的透明度

勾选【使用全局光】复选框则可以使得其他的效果能都保持一致的光照角度

图6-79

（3）内阴影

投影效果是在图层对象外部添加阴影效果。阴影效果可以增加图层对象内部的明暗变化，使其具有立体感，其设置方法与"投影"几乎一致。唯一与"投影"不同的是"阻塞"选项，这个选项的作用与"扩展"相似，都是对效果边缘起到变硬效果，但是它是收缩杂边边界。

"投影"选项栏不同参数的效果如下图所示。

"内阴影"选项栏的设置如下图所示。

Photoshop

01 02 03 04 05 06 07 08 09 10 11 12

（4）外发光

单击"样式"选框中的"外发光"选项，其参数设置出现在设置框中，"外发光"的效果刚好与"投影"相反，它是模拟物体外边缘发光的效果。其参数设置前面读者已经接触了大部分，这里不再复述。在"外发光"设置框中需要注意的是"混合模式"下拉列表框的设置，读者可以看到"混合模式"默认为"滤色"，"滤色"模式是一种模仿光合成原理的一种混合模式，如图6-80所示。

"内发光"与"外发光"设置方法一样。

用户可以在这里设置外发光的颜色或者渐变色

"范围"用于控制等高线效果的范围大小，"抖动"相当于在渐变中添加杂色

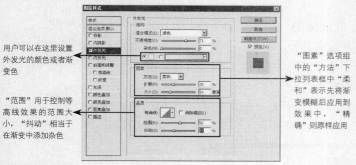

"图素"选项组中的"方法"下拉列表框中"柔和"表示先将渐变模糊后应用到效果中，"精确"则原样应用

图6-80

（5）斜面和浮雕

单击"样式"选框中的"斜面和浮雕"选项，可以调出该样式设置框，在设置框中分为"结构"选项组和"阴影"选项组，通过设置其参数可以调整图像对象的立体效果，如图6-81所示。

"样式"：用于指定斜面样式。内斜面在图层内容的内边缘上创建斜面，外斜面在图层的外边缘上创建斜面，浮雕效果使图层内容相对于下层图层呈浮雕状效果，枕状浮雕将图层内容边缘压入下层图层的效果，描边浮雕将浮雕效果应用于图层描边效果的边界

"角度"：用于设置光照的角度；"高度"用于设置光源离对象的高度

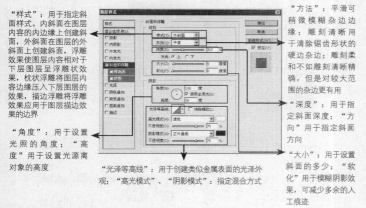

"光泽等高线"：用于创建类似金属表面的光泽外观；"高光模式"、"阴影模式"：指定混合方式

"方法"：平滑可稍微模糊杂边边缘；雕刻清晰用于清除锯齿形状的硬边杂边；雕刻柔和不如雕刻清晰精确，但是对较大范围的杂边更有用

"深度"：用于指定斜面深度；"方向"用于指定斜面方向

"大小"：用于设置斜面的多少；"软化"用于模糊阴影效果，可减少多余的人工痕迹

图6-81

（6）混合选项

"样式"选框中的其他样式如"颜色叠加"、"渐变叠加"、"图案叠加"等原理简单，这里不再展开讲解。在"样式"选框中有一个是最难理解但是作用很大的样式"混合选项自定"。单击"混合选项自定"选项栏，激活其设置框，如图6-82所示。

图6-82

单击【混合颜色带】右侧的下三角按钮，在展开的下拉菜单中可以看到除了图片本身的每个通道之外，还有一个【灰色】，【灰色】表示图片的复合通道，也就是图片的明暗分布。

打开素材"模块 6\知识点拓展\混合颜色带"，双击"图层 2"，弹出【图层样式】的"混合选项"设置框，素材图片是一张灰度图，因此混合颜色带只有一个"灰色"，如图 6-83 所示。

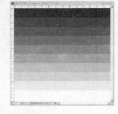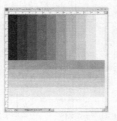

图6-83

将"混合选项"设置框中"本图层"左边的黑色滑块向右拖曳，可以看到"图层 2"从黑到灰逐渐消失，露出下层图层，如图 6-84 所示。

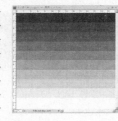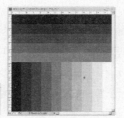

图6-85

将"本图层"右边的白色滑块向左拖曳，可以看到"图层 2"从白到灰逐渐消失，露出下层图层，如图 6-85 所示。

○ 知识

常规混合：在"混合选项"设置框的最上面就是"常规混合"选项组，其中分列着"混合模式"和"不透明度"。"混合模式"用来设置上下图层的颜色混合方式，"不透明度"与【图层】调板的"不透明度"一样，可以设置上层图层的透明度。

混合颜色带：在"混合选项"设置框的最下面就是"混合颜色带"选项组，"混合颜色带"的下拉菜单图片的通道分列在其中。

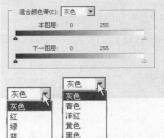

RGB 模式   CMYK模式

灰度模式

○ 提示

当移动"本图层"黑色滑块时，上层图层的暗调像素将从黑到灰逐步被隐藏，显示出下层图层；移动"本图层"白色滑块则反之。

Photoshop InDesign

01 02 03 04 05 **06** 07 08 09 10 11 12

在"下一图层"的黑色滑块上按住鼠标左键不放，向右拖曳，可以看到上层图层的像素从左到右逐步消失显示出下层图层，如图6-86所示。

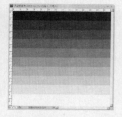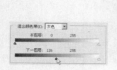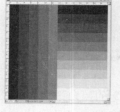

图6-86

在"下一图层"的白色滑块上按住鼠标左键不放，向左拖曳，可以看到上层图层的像素从右到左逐步消失显示出下层图像，如图6-87所示。

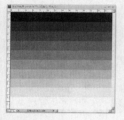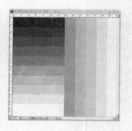

图6-87

现在开始进一步探索，首先在"图层1"的眼睛图标处单击鼠标左键，将"图层1"隐藏，双击【图层】调板的"图层2"，弹出【图层样式】的"混合选项"设置框，如图6-88所示。

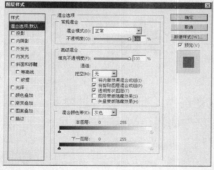

图6-88

拖曳"本图层"左侧的黑色滑块到"110"位置，然后将白色滑块拖曳到"160"位置，此时黑白两个滑块被调了位置，再观察图像文档，发现中间的像素被隐藏了，如图6-89所示。

提示

当向右拖曳"下一图层"上的黑色滑块时，上层图层的像素将根据下层图层的暗调从黑到灰，依次消失；拖曳"下一图层"上的白色滑块则反之。

提示

当"本图层"的黑白两个色块互换位置时，亮度值处于这两个色块之间的像素将被隐藏。

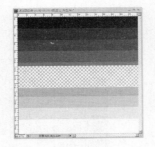

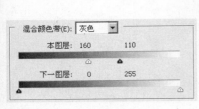

图6-89

　　接下来同样设置"下一图层"的黑白滑块。将"图层1"的眼睛图标打开，双击"图层2"，调出【图层样式】的"混合选项"设置框。将"下一图层"的黑色滑块拖曳到"76"位置，将白色滑块拖曳到"154"位置，可以看到"图层2"中间的像素被隐藏露出下层对象，如图6-90所示。

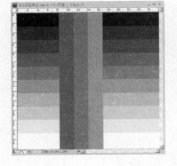

提示

对调"下一图层"黑白两个色块位置，上层图层的像素根据下层图层的亮度值，处于黑白两个色块之间亮度区域的像素将被隐藏。

图6-90

　　仔细观察混合带上的图层滑块，会发现每个色块中间都有一个分隔线，这表示滑块是可以分开的，如图6-91所示。

图6-91

　　关闭"图层1"眼睛图标，调出【图层样式】的"混合选项"设置框，按住【Alt】键，在"本图层"的黑色滑块上按住鼠标左键并向右拖曳，可以看到"图层2"暗调像素慢慢虚化消失，如图6-92所示。

提示

拆分滑块可以使得图层像素先逐步虚化，再被隐藏，这样可以实现上下图层之间的像素融合过渡得更加自然，不会产生硬边。

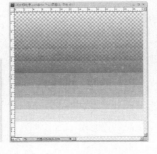

图6-92

❻ 混合模式

图层混合模式是 Photoshop 最精妙的功能之一，在平面设计中，常用来为图像上色、进行多图层混合、制作一些绚丽或诡异的特殊效果。下面进行详细的讲解，在讲解过程中会简化一些烦琐的概念。

Photoshop 将图层混合模式用分割线分成了 6 组，通常将图层混合模式的各组分别称为正常组、变暗组、变亮组、反差组、差值组和着色组，如图 6-93 所示。

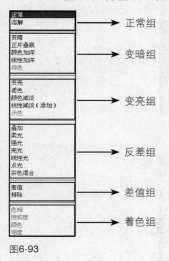

图6-93

正常组

1. 正常

正常模式是一个默认的模式，上层混合色完全覆盖下层基色，结果色即为上层混合色。分为两种情况：

混合色（透明度 =100）+ 基色 = 混合色（结果色）

混合色（透明度 <100）+ 基色 = 混合色 %+ 基色（100-混合色）%（结果色）

2．溶解

当上层混合图层有透明度或羽化时，将上下两个图层中的像素点随机进行替换，形成一种粗糙纹理。

在图片周围执行【滤镜】>【模糊】>【高斯模糊】命令后，再设置图层混合模式为"溶解"，可以为图片制作出毛边效果，如图 6-94 所示。

🔾 **提示**

本书中层图层定义为混合色，下层定义为基色，混合之后为结果色。

☀ **知识**

① 混合色（透明度=100）+基色＝混合色（结果色）

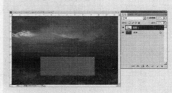

② 混合色（透明度<100）+基色＝混合色%＋基色（100-混合色）%（结果色）

图6-94

变暗组

变暗组共有 5 种混合模式，即变暗、正片叠底、颜色加深、线性加深和深色，它们都能使混合后的效果比之前变暗，因此统称为"变暗组"。

1. 变暗

变暗混合模式用于比较两个图层的一一对应的颜色，并选择较暗的颜色作为结果色显示在文档中。

公式：最小值＝结果色

案例1：制作网格

1 新建文档，设置"宽度"和"高度"均为"800 像素"，"分辨率"为"250 像素 / 英寸"，"颜色模式"为"RGB"，如图 6-95 所示。

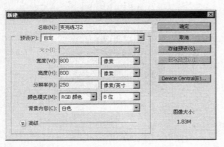

图6-95

2 执行【滤镜】>【素描】>【半调图案】命令，在弹出的【半调图案】对话框中设置"大小"为"12"，"对比度"为"12"，"图案类型"为"直线"，如图 6-96 所示。

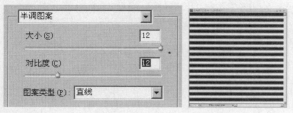

图6-96

3 在【图层】调板上单击"背景"图层，按【Ctrl+J】键复制"背景"图层，在新的图层中执行【编辑】>【变换】>【旋转 90 度（逆时针）】命令，如图 6-97 所示。

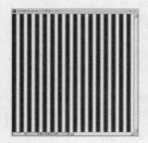

图6-97

4 选择"图层 1"并设置其混合模式为"变暗"，如图 6-98 所示。两个图层重叠的部分，较亮的颜色代替了较暗的颜色，混合后出现了黑白相间的网格。

图6-98

案例2：用变暗模式融合图像

在本案例中，讲解变暗模式的这个特性在实际设计中的应用。

1 打开 Photoshop，执行【文件】>【打开】命令，打开素材"模块 6\ 知识点拓展 \ 变暗 01"和"模块 6\ 知识点拓展 \ 变暗 02"文档，如图 6-99 所示。下面要将素材"变暗 01"融合到素材"变暗 02"中，如果将"变暗 01"中的图像从白色的背景中抠出来再置入到"变暗 02"中，将会浪费很多时间，用"变暗"图层混合模式可以直接将"变暗 01"中的图像融合到"变暗 02"中。

图6-99

2 在工具箱中选择【移动工具】，在"变暗01"的图像上按下鼠标左键不松开并向"变暗02"拖曳，将"变暗01"中的图像置入到"变暗02"中，如图6-100所示。

图6-100

3 在【图层】调板中选择"图层1"，将"图层1"的混合模式更改为"变暗"，可以看到，"图层1"的白色背景"消失了"，而"图层1"中的Logo并没有发生明显变化，不用抠图即可实现图像的融合，如图6-101所示。

图6-101

提示

对比"变暗01"和"变暗02"两个文档中的图片，"变暗01"中的白色底色要比"变暗02"的底色亮，"变暗01"中的圆环要比"变暗02"中的底色暗，所以将"变暗01"置入到"变暗02"中并使用了"变暗"的颜色模式后，"变暗01"中的白色部分消失，Logo部分保留，巧妙地实现了两个图像的融合。

2. 正片叠底

打开素材"模块 6\ 知识点拓展 \ 变暗试纸"文档，此时"图层 1"对象部分将"图层 2"内容完全遮挡，将"图层 1"混合模式改成"正片叠底"，"图层 1"的"黑心"和"灰心"出现在文档中，并且"灰心"比混合前更加暗，"白心"被隐藏，如图 6-102 所示。

图6-102

3. 颜色加深

打开素材"模块 6\ 知识点拓展 \ 变暗试纸"，将"图层 1"混合模式改成"颜色加深"，"图层 1"的"黑心"和"灰心"出现在文档中，并且"灰心"变成"黑心"，"白心"被屏蔽，如图 6-103 所示。

图6-103

4. 线性加深

打开素材"模块 6\ 知识点拓展 \ 变暗试纸"，将"图层 1"混合模式改成"线性加深"，"图层 1"的"黑心"和"灰心"出现在文档中，并且"灰心"颜色加深，"白心"被屏蔽，如图 6-104 所示。

图6-104

Photoshop InDesign

🗨 提示

"正片叠底"混合模式：用于比较两个图层的一一对应的颜色，混合出更暗的结果色。"正片叠底"是最常用到的混合模式，是一种模拟多张正片叠放在投影机上投影显示的效果，也是模拟油墨混合印刷的效果，也可以理解成阴影效果。

公式：基色×混合色/255=结果色

将上下两个图层的颜色进行计算并得到一个较暗的颜色，任何颜色与黑色复合产生黑色，任何颜色与白色复合保持不变。如果一幅图像只有纯黑纯白两种颜色，无须抠图，直接就可以置入到其他背景中，自动去除白色。

☀ 知识

"正片叠底"混合模式：同样可以将白色的背景去掉，正片叠底和变暗有什么区别？

从原理上不难看出，变暗是保留两个图层中较暗的颜色，而正片叠底是通过比较两个图层得到比两个图层更暗的颜色。所以，同样去掉了白色的背景，正片叠底生成的结果要比变暗生成的结果更暗，这样即使下层的图像较暗，也能很好地保留上层图像的细节。

🗨 提示

"颜色加深"混合模式：混合色的亮度决定混合效果，混合之后，图像整体变暗并且加大中间调像素反差。

公式：基色−[（255−基色）×（255−混合色）/混合色]=结果色

🗨 提示

"线性加深"混合模式：混合之后，图像均匀变暗，因此图像整体偏暗。

公式：基色+混合色−255 =结果色

5. 深色

与"变暗"混合模式效果一致，Lab 颜色模式下无法使用"变暗"混合模式，但可以使用"深色"混合模式。

同源图像比较分析：

打开素材"模式 6/ 知识点拓展 / 同源比较"，在"图层 1"中分别设置变暗组的混合模式，如图 6-105 所示。

原始图像

"变暗"没有变化　"正片叠底"整体变暗　"颜色加深"中间调反差变大，整体变黑　"线性加深"中间调没有加反差，整体变黑

图6-105

变亮组

变亮组中的混合模式可以使图像变亮，因此称为"变亮组"。变亮组包括变亮、滤色、颜色减淡、线性减淡（添加）和浅色 5 种混合模式。

1. 变亮

打开素材"模块 6\ 知识点拓展 \ 变暗试纸"，此时"图层 1"中的 对象部分将"图层 2"内容遮挡，将"图层 1"混合模式改成"变亮"，则"图层 1"的"黑心"在文档中消失，如图 6-106 所示。

图6-106

2. 滤色

打开素材"模块6\知识点拓展\变暗试纸",将"图层1"混合模式改成"滤色","图层1"的"白心"和"灰心"出现在文档中,并且"灰心"比混合前更加亮,"黑心"颜色变淡,如图6-107所示。

图6-107

将上下两个图层的颜色进行计算并得到一个较亮的颜色,任何颜色与白色复合产生白色,任何颜色与黑色复合保持不变。如果一幅图像只有纯黑纯白两种颜色,无须抠图,直接就可以置入到其他的背景中,自动去除黑色,如图6-108所示。

图6-108

3. 颜色减淡

打开素材"模块6\知识点拓展\变暗试纸",将"图层1"混合模式改成"颜色减淡","图层1"的"白心"和"灰心"出现在文档中,并且"灰心"颜色变白,"黑心"颜色变浅,如图6-109所示。

图6-109

Photoshop InDesign

提示

"滤色"混合模式与"正片叠底"混合模式作用效果相反,"滤色"混合模式,用于比较两个图层的一一对应的颜色,混合出更亮的结果色。"滤色"模拟光混合的效果,可以想象将一束色光照射到墙上,然后再在墙上同样的地方再照射一束色光,这两种色光混合得到的颜色就是"滤色"混合产生的效果。

公式:255-[(255-基色)×(255-混合色)/255]=结果色

提示

"滤色"可以使图片变得更亮一些,如果照片曝光不足,可以尝试用此种方法修复。

提示

"颜色减淡"混合模式:混合色的亮度决定混合效果,混合之后,图像整体变亮并且加大中间调像素反差,"颜色减淡"与"颜色加深"对应,作用效果相反。

公式:基色+[基色×混合色/(255-混合色)]=结果色

4. 线性减淡添加

打开素材"模块 6\ 知识点拓展 \ 变暗试纸",将"图层 1"混合模式改成"线性减淡添加","图层 1"的"白心"和"灰心"出现在文档中,并且"灰心"颜色变白,"黑心"颜色变浅,如图 6-110 所示。

图6-110

总之,"变亮组"混合之后使得图像变亮,并都能屏蔽黑色,因此中性色是"黑色"。

反差组

反差组包括叠加、柔光、强光、亮光、线性光、点光和实色混合 7 个混合模式,7 个混合模式都能改变图像的反差,中性色是"灰色"。

打开素材"模块 6\ 知识点拓展 \ 同源比较",将"图层 1"的图层模式改成"叠加",可以看到图像反差加大,如图 6-111 所示。

图6-111

差值组

差值组包括两个混合模式,"差值"混合模式的作用原理是亮度高的颜色减去亮度低的颜色;"排除"混合模式的作用原理和"差值"相似但对比度更低。

着色组

着色组有 4 个模式，即色相、饱和度、颜色和明度。利用颜色的特性进行的图层混合，各混合模式说明如下：

色相：用基色的明度和饱和度以及混合色的色相创建结果色。

饱和度：用基色的明度和色相以及混合色的饱和度创建结果色。

颜色：用基色的明度以及混合色的饱和度和色相创建结果色。

明度：用基色的饱和度和色相以及混合色的明度创建结果色。

独立实践任务（2课时）

任务二　设计制作名优企业的挂历封面

➤ 任务背景和任务要求

北京市某机构准备制作一本全市名优企业的宣传挂历，画面要求文字具有立体效果。

尺寸要求：420mm×570mm

➤ 任务分析

设计师开始设计之前一定要将装订中环扣的尺寸留位，因为采用印刷方式，因此要考虑到出血，因此设置尺寸应为426mm×576mm。使用【钢笔工具】抠选出狮子图像，使用【图层样式】对各图像进行融合。

➤ 任务素材

任务素材参见光盘素材"模块6\任务二"。

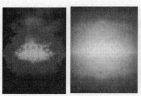

➤ 任务参考效果图

07 模块

设计制作唯美传媒手提袋
——蒙版的使用

任务参考效果图

➡️ **能力目标**

1. 能运用多种方式建立蒙版
2. 能使用蒙版拼合图像
3. 能排版设计手提袋

➡️ **专业知识目标**

1. 了解手提袋的设计常识
2. 了解手提袋的通用尺寸

3. 了解手提袋的纸张要求

➡️ **软件知识目标**

1. 了解蒙版的概念
2. 了解蒙版的种类
3. 掌握蒙版的黑白灰含义

➡️ **课时安排**

4课时（讲课2课时，实践2课时）

模拟制作任务（2课时）

任务一　唯美传媒手提袋的设计与制作

➡ 任务背景

唯美传媒是一家广告公司，为了拓宽业务范围，发掘新客户，现在计划在各个大型商场对广大购物者发放免费的环保纸质购物手提袋。

➡ 任务要求

公司提供了电子图像素材、公司名称及Logo，为了体现公司的特色，要求所提供的人物素材和背景素材完美融合，有一种脱俗的感觉。另外要求纸质手提袋的纸张厚度较厚，能体现出档次。

手提袋成品尺寸❶：200mm×285mm×80mm

➡ 任务分析

要求纸张厚度较厚并能体现档次，因此选择300g的特种纸❷，成品尺寸为200mm×285mm ×80mm，因为要留出出血位，因此手提袋的展开尺寸要设置为748mm×310mm。

➡ 正背图像设计分析

在设计手提袋的正背面以及墙时还要考虑图像的出血，正背面与墙的图像只需上下留出出血位而左右不用，因此正背图像中靠近粘口的图像大小为206mm×288mm，而远离粘口的图像为206mm×285mm，位于正背图像中间的墙的大小为206mm×80mm，而与粘口相接的墙的大小为206mm×83mm。

本案例的难点

如何使人物从云中飞出

如何绘制透明球并使其显示自然

如何使背景图像融合自然

如何使人物坐在石头上

融合背景

1 新建一个"名称"为"正背图"、"宽度"为
"288毫米"、"高度"为"206毫米"、"分
辨率"为"350像素/英寸"、"颜色模式"为
"CMYK颜色"、"背景内容"为"透明"的文
档。打开素材"模块7\任务一\hun1",将其拖
曳到"正背图"文档中,如图7-1所示。

图7-1

2 打开【图层】调板,在"图层 2"上按下鼠标
左键并拖曳至【创建新图层】按钮上,新建一
个"图层 2 副本"图层,之后再将"图层 2 副
本"拖曳至【创建新图层】按钮上,得到"图层
2 副本2",如图7-2所示。

图7-2

3 单击"图层 2 副本"和"图层 2 副本2"的眼睛图
标,将图层隐藏,如图7-3(a)所示。在"图层2"
上单击鼠标左键,使用【移动工具】将图像向右平
行移动至大块的石头消失,如图7-3(b)所示。

图7-3(a)   图7-3(b)

4 单击"图层2 副本"前的图框使图层显示,在"图层
2 副本"上单击鼠标左键使其呈蓝色显示,然后单击
【图层】调板下方的【添加图层蒙版】❸按钮 ,
对"图层2 副本"添加一个蒙版,如图7-4所示。

图7-4

5 选择工具箱中的【渐变工具】编辑蒙版❹,在蒙
版上单击鼠标左键,使其处于选中状态,如图7-5
(a)所示。确认前景色和背景色分别为"白色"
和"黑色",且渐变为"前景色到背景色渐变",
按住鼠标左键在图像上从左向右拉出渐变效果,直
到图像自然融合,如图7-5(b)所示。观察蒙版,
被隐藏的部分显示为黑色,如图7-5(c)所示。

图7-5(a)

图7-5（b）

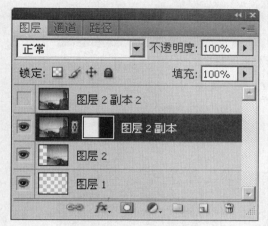

图7-5（c）

6 单击"图层2 副本2"前的图框使图层内容显示，在该图层上单击鼠标左键选中该层，使用【钢笔工具】抠选出图像中右下角的大石头，如图7-6所示。

图7-6

7 单击【图层】调板下方的【添加图层蒙版】按钮 🔲，此时在"图层2 副本2"图层的后边出现一个图层蒙版，且只有选区内的图像显示，其他部分都被隐藏，如图7-7所示。

图7-7

抠选人物

8 打开素材"模块7\任务一\hun2"，使用【移动工具】将其拖曳至文档"正背图"中，如图7-8所示。

图7-8

9 使用【钢笔工具】将图像抠选出来，将路径转换为选区，单击【图层】调板下方的【添加图层蒙版】按钮对图层新建蒙版，此时选区内显示图像❺，按【Ctrl+T】键将调出自由变换定界框，调节图像大小并使用【移动工具】将其拖曳至大石头上，如图7-9所示。

图7-9

Photoshop InDesign

10　在【图层】调板中"图层3"的图层蒙版缩览图上单击鼠标左键将蒙版选中，选择【画笔工具】编辑蒙版，将"前景色"改成"黑色"，在选项栏中设置"硬度"为"0%"，在人物腿部与石头交界处反复刷，直到感觉人物坐在石头上，如图7-10所示。

图7-10

11　复制一个"图层2副本2"图层，得到"图层2副本3"图层。按住【Shift】键在"图层2副本3"的蒙版上单击鼠标左键，停止使用蒙版❻，如图7-11所示。

图7-11

12　单击"图层3"前的眼睛图标，将图层隐藏，使用【磁性套索工具】将"图层2 副本3"图层上的石头大致抠选出来，如图7-12所示。

图7-12

13　可以发现选区与石头的路径不是完全吻合的，单击工具箱中的【以快速蒙版模式编辑】❼按钮 ，此时图像上除了选区内的图像其他部分全部变成红色，而且蚂蚁线消失，如图7-13所示。

图7-13

14　使用【画笔工具】，调节"硬度"为"100%"，设置"前景色"为"黑色"，在石头边缘的蓝色像素上涂抹，使其变成红色，调整"前景色"为"白色"，涂抹掉石头上的暗红色，如图7-14所示。

图7-14

15　单击工具箱中的【以标准模式编辑】按钮 ，图像上红色消失，出现被修改过的选区，按【Shift+Ctrl+I】键将图像反选，按住【Alt】键在"图层2 副本3"图层的蒙版上单击鼠标左键，结果如图7-15所示。

图7-15

16 选择【画笔工具】编辑蒙版，设置"前景色"为"黑色"，"硬度"为"0%"，在选区内反复刷，直到选区全部变为黑色，如图7-16所示。

图7-16

17 按【Shift+Ctrl+I】键将图像反选，设置"前景色"为"白色"，在选区内反复刷，直到选区内全部显示为白色，如图7-17所示。

图7-17

18 在【图层】调板上用鼠标左键单击"图层 2 副本 2 副本"图层的图层缩览图回到标准模式预览，如图7-18所示。

图7-18

19 按【Ctrl+D】键取消选区，再按【Ctrl+T】键调出自由变换定界框，将对象缩小压扁并旋转，将其移动到大石头的正上方合适位置处，按【Enter】键确认变换，如图7-19所示。

图7-19

20 打开素材"模块7\任务一\hun3"，将图像拖曳到文档"正背图"中，将其他全部图层都隐藏，执行【选择】>【色彩范围】命令，在视图框内白色区域单击鼠标左键，设置"颜色容差"为"80"，按【Shift+Ctrl+I】键将图像反选，抠选出人物，如图7-20所示。

图7-20

21 单击【图层】调板下方的【添加图层蒙版】按钮，对图层添加一个蒙版，此时选区以外的图像全部被隐藏，如图7-21所示。

图7-21

22 显示除图层3以外其他图层的内容，然后按【Ctrl+T】键，使用自由变换定界框将图像调整至合适大小并放于小石头上方，如图7-22所示。

图7-22

23 使用【椭圆选框工具】，按住【Shift】键在小黑人和小石头边缘绘制一个正圆，新建一个图层，填充一浅灰色，在【图层】调板中设置"不透明度"为"20%"，效果如图7-23所示。

图7-23

24 新建一个图层，在"图层5"和"图层6"中间按住【Alt】键，当鼠标指针变成●时，单击鼠标左键，对图层添加剪贴蒙版①，如图7-24所示。

图7-24

25 显示"图层3"的内容，并将其拖曳到"图层2副本3"下方，适当调整石头和人物位置，单击"图层6"的图层缩览图，使其蓝显，选择【画笔工具】，将其"硬度"调整为"0%"，设置"前景色"为"白色"，在圆的右下方反复刷画笔至形成自然的反光效果，如图7-25所示。

图7-25

26 新建一个图层，在圆的左上方用【画笔工具】反复刷，直至形成高光效果，在【图层】调板上方设置"图层混合模式"为"柔光"，效果如图7-26所示。

图7-26

27 打开素材"模块7\任务一\hun4"，将其拖曳到文档"正背图"中，使用【钢笔工具】将人物抠选出来，将路径转换为选区，对其添加一个图层蒙版，如图7-27所示。

图7-27

28 使用自由变换定界框调节图像至合适大小，并旋转倾斜，使其有在飞舞的感觉，设置"前景色"为"黑色"，使用【画笔工具】在其脚部涂刷，使其有从云中飞出的效果，如图7-28所示。

图7-28

29 打开素材"模块7\任务一\hun5"，使用【套索工具】粗略抠选出图像右侧的翅膀，将其拖曳至文档"正背图"中，并将其放置到人物的手臂处，调整至合适大小并水平翻转，设置"图层混合模式"为"正片叠底"，如图7-29所示。

图7-29

合成手提袋展开图

30 按【Ctrl+N】键，在弹出的【新建】对话框中设置"名称"为"手提袋"、"宽度"为"748毫米"、"高度"为"310毫米"，"分辨率"为"350像素/英寸"，"颜色模式"为"CMYK"颜色、"背景内容"为"透明"，单击【确定】按钮新建文档，如图7-30所示。

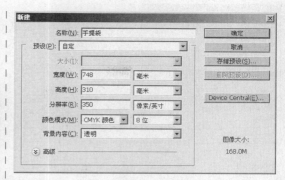

图7-30

31 执行【窗口】>【信息】命令，打开【信息】调板，将鼠标指针移至窗口左侧的标尺❾处，按住鼠标左键不放，拖曳鼠标拉出参考线❾，如图7-31所示。

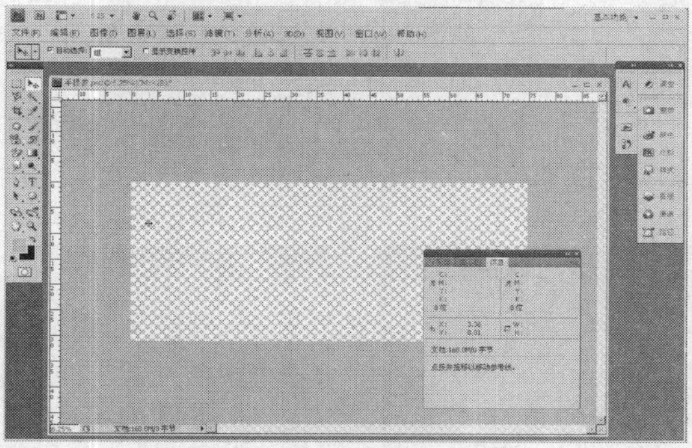

图7-31

32 按【Ctrl++】键将图像放大，拖曳参考线，直至【信息】调板中的"X"显示为"1.20"，松开鼠标，如图7-32所示。

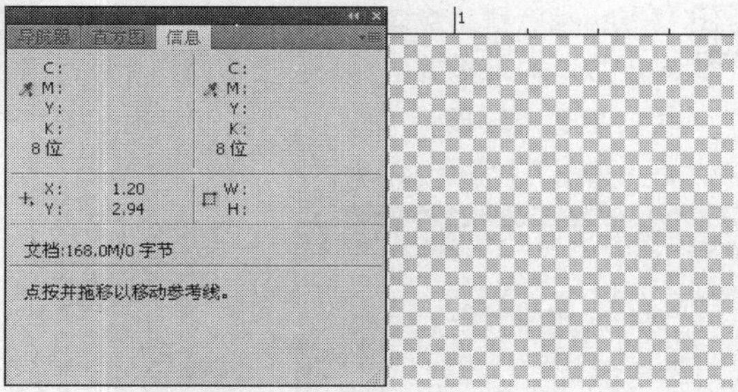

图7-32

33 在窗口左侧的标尺处按住鼠标左键，向右拖曳拉出第二根参考线，直至【信息】调板显示"X"为"1.50"，松开鼠标，如图7-33所示。

图7-33

34 按以上方法继续拉出参考线，"X"分别显示为"30.00"、"38.00"、"66.50"、"74.50"，如图7-34所示。

图7-34

35 将鼠标指针移至窗口上方的标尺处按住鼠标左键不放，向下拖曳鼠标，拉出横向参考线，当【信息】调板显示"Y"为"4.20"时松开鼠标，如图7-35所示。

图7-35

36 按以上方法分别绘制参考线，"Y"分别为"4.50"、"8.00"、"21.50"、"24.50"、"24.80"，如图7-36所示。

图7-36

37 单击文档"正背图"的标题栏，使其处于选中状态，按【Ctrl+A】键全选图像，执行【编辑】>【合并拷贝】命令，单击"手提袋"文档的标题栏，按【Ctrl+V】键粘贴图像并使其左上角位于"X＝1.20"、"Y＝4.20"的交点处，如图7-37所示。

图7-37

38 打开素材"模块7\任务一\LOGO"，使用合适的方法将公司Logo抠选出来，调整其大小，放置到图像的左上角，位于参考线"X＝1.5"、"Y＝4.5"以下，如图7-38所示，输入文字"唯美传媒"，调整文字的字体、字号、颜色及位置。

图7-38

39 按住【Ctrl】键，同时选中"唯美传媒"的文字层、"图层1"和"图层2"，右击并在弹出的快捷菜单中选择【链接图层】命令，按住【Shift+Alt】键的同时在图像上按住鼠标左键不放，并向右拖曳至图像左上角与参考线"X=38.00"、"Y=4.20"重合，如图7-39所示。

图7-39

40 新建一个图层，在两张图像之间新建一个尺寸为"80mm×200mm"的矩形选框，为其填充"C=40"、"K=100"的黑色，如图7-40所示。

图7-40

41 在黑色色块上输入文字"北京唯美传媒有限公司"，调整文字的字体、字号、颜色及位置；再输入"www.pretty.com.cn"以及"PRETTY"文字，调整文字的字体、字号、颜色及位置，再将这几个图层链接并复制。粘贴到图像最右侧，使色块的左上角与参考线"X=66.5"、"Y=4.20"的交点重合，如图7-41所示。

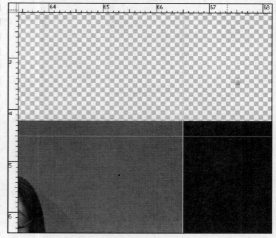

图7-41

42 至此，便完成了整个手提袋平面展开图的制作。效果如图7-42所示。

图7-42

知识点拓展

❶ 手提袋尺寸

常用手提袋印刷的尺寸通常根据包装品的尺寸而定，通用的手提袋印刷标准尺寸分 3 开、4 开或对开 3 种，每种又分为正度或大度两种。手提袋印刷净尺寸由"长 × 宽 × 高"组成，如图 7-43 所示。

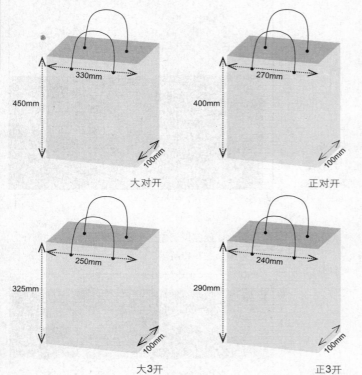

大对开　　　　　　　　正对开

大3开　　　　　　　　正3开

图7-43

❷ 手提袋用纸

手提袋印刷的纸张通常选用 157g、200g、250g 的铜版纸或卡纸。如需与较重的包装品配套，可选用 300g 铜版纸或 300g 以上的卡纸印刷。如选用铜版纸或卡纸印刷手提袋，一般需覆膜来增加其强度。此外，白牛皮纸由于其韧性强，使用环保，现在被越来越多地应用在手提袋印刷制作上，通常可选用 140g 的白色或黄色牛皮纸。手提袋印刷以后需过油以保护油墨不在制作时弄脏 。

1. 特种纸

特种纸的种类很多，如珠光纸、手揉纸、花色纸、彩纹纸、飘雪纸、雅娜花纹纸、彩胶纸、色卡纸、西域超滑纸、西域钻白纸、西域白卡纸、沙龙纹纸、古石纹纸、彩烙纸、刚古纸、进口环保纸及彩纹纸等。

2. 纸张的重量

纸张的重量通常有两种表示方式，一种是定量，另一种是令重。

定量是单位面积纸张的重量，以每平方米的克数来表示，它是进行纸张计量的基本依据。定量分为绝干定量和风干定量，前者是指完全干燥、水分等于零的状态下的定量；后者是指在一定湿度下达到水分平衡时的定量。通常所说的定量是指风干定量。定量的测定要在标准的温度和湿度条件下（温度 23℃ ±1℃，相对湿度 50%±2%）进行。

500 张全开纸称做一令纸，一令纸的重量叫做该种纸的令重。国际上也有以 480 张或 1 000 张为一令的，在涉外纸张业务和使用进口纸时，需要特别注意这一点。

重量是纸张的一个非常重要的参数，在技术方面，重量是进行各种性能鉴定（如强度、不透明度）的基本条件；在日常应用中，经常使用重量给纸张分类定级别，当然，这并不表示重量越重的纸张一定越好。

珠光纸

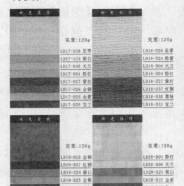

❸ 添加图层蒙版

所谓蒙版，顾名思义就是图层上蒙上了一块板子，正因为有了蒙版功能，Photoshop 本就强大的图像拼合功能更加强大。图层蒙版可以有选择地遮挡图层上的对象，在平面设计中经常用来混合不同的图层，或用于抠图、创建特殊效果等，在蒙版上进行操作不会对图像的像素造成任何损失，如图 7-44 所示。

图 7-44

要使用蒙版功能，需要先建立蒙版。蒙版是建立在图层上的，并会在【图层】调板上出现。除了背景图层，其他图层都可以在其上建立图层蒙版，蒙版的建立有如下几种方法。

1. 菜单建立法

选中需要添加蒙版的图层，执行【图层】>【图层蒙版】>【显示全部】命令，在【图层】调板中选中的图层的缩览图后会出现一个白色缩览图，这个白色缩览图就是蒙版。

2. 快捷建立法

利用菜单建立蒙版效率比较低，使用【图层】调板中的【添加图层蒙版】按钮可以快速建立蒙版。先选中"图层1"然后单击【添加图层蒙版】按钮，就可以为该图层建立一个图层蒙版，如图7-45所示。

提示

执行【图层】>【图层蒙版】>【隐藏全部】命令，也可以建立蒙版，此时缩图览会显示为黑色。

提示

蒙版可以分为图层蒙版、矢量蒙版和快速蒙版，它们最主要的功能都是对图像进行有选择的遮挡，其中图层蒙版是最常用的一种蒙版，本书重点讲解的也是图层蒙版。

图7-45

❹ 编辑蒙版

建立好蒙版后，通常还需要进一步加工以符合设计师的需要。修改、编辑蒙版的常用工具如下：

1. 画笔工具

【画笔工具】是最常用的一种编辑、修改蒙版的工具，其特点为笔刷大小、颜色可很方便地控制；并且画笔画出的线条周围会出现虚边，这样图层之间的边界会融合得更好。

打开素材"模块7\知识点拓展\蒙版1"文档，在【图层】调板的"图层1"处按住鼠标左键使其呈蓝色显示。在【图层】调板的【添加图层蒙版】图标上单击鼠标左键，即可建立一个蒙版。此时蒙版缩览图显示为白色，如图7-46所示。

提示

确认"前景色"为"黑色"，用【画笔工具】在蒙版上绘制。

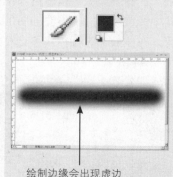

绘制边缘会出现虚边

→ 白色蒙版

图7-46

在工具箱中选择【画笔工具】，确认"前景色"为"黑色"，在文档中心部位按住鼠标左键并拖曳，按【]】或者【[】键来调整画笔笔触大小。重复上述操作，可以看到在鼠标滑过的地方，下层图像显现出来，如图7-47所示。

图7-47

将文档切换到蒙版编辑状态，观察一下蒙版，蒙版的黑色区域为刚才绘制出的形状条，如图7-48所示。

图7-48

在选项栏中的【不透明度】下三角按钮上按住鼠标左键，在弹出的滑条上拖曳滑块控制前景色的深浅，然后在文档上继续绘制线条，可以看到绘制出来的线条颜色变浅了。单击【图层】调板中的图层缩览图，切换回图层编辑状态，可以看到刚才绘制灰色的地方隐约显现出下层图像，如图7-49所示。

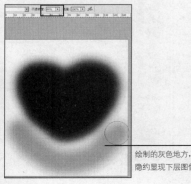

绘制的灰色地方，隐约显现下层图像

图7-49

Photoshop InDesign

提示

使用蒙版使两个图层间自然融合，与使用【橡皮擦工具】产生的效果一致。但是使用【橡皮擦工具】是直接在图像上进行操作，如果对融合的效果不满意，很难使图像恢复原貌，而蒙版不是直接作用在图像上，对不满意的效果可以继续编辑蒙版或者将蒙版删除，原图并没有被破坏。

提示

观察蒙版的方法为：按住【Alt】键，在蒙版缩览图上单击鼠标左键，此时窗口由图像显示转换为蒙版显示。

提示

【画笔工具】的特点使其成为一个很好的蒙版编辑工具。可以使用【画笔工具】来操作图层蒙版的局部区域。图像显示或是隐藏的效果可以根据画笔的不透明度来控制。

2. 渐变工具

以线性渐变为代表的渐变工具也是编辑蒙版时常用的工具之一，如图 7-50 所示。

图7-50

打开素材"模块 7\知识点拓展\蒙版 1"，在"图层 1"处单击鼠标左键使其蓝显。在【图层】调板的【添加图层蒙版】图标上单击鼠标左键，建立一个蒙版，此时蒙版缩览图显示为白色。在工具箱中选择【渐变工具】，确认"前景色"为"黑色"，"背景色"为"白色"，在渐变工具选项栏中设置渐变为【线性渐变】，并选择"前景到背景"的渐变方式，如图 7-51 所示。

图7-51

在文档上按住鼠标左键并拖曳，此时文档中两个图层之间呈现均匀过渡的融合，蒙版为一个均匀的渐变色，如图 7-52 所示。

图7-52

3. 其他工具命令

除了【画笔工具】、【渐变工具】以外，【橡皮擦工具】、【加深工具】、【减淡工具】和【滤镜】命令等都可以修改、编辑蒙版。

❺ 蒙版的选择遮挡

蒙版是用来对图像进行选择遮挡的,既然是有选择的遮挡,那么蒙版一定与选区有关系。产生蒙版的选择遮挡有两种方式。

1. 先建立遮挡区域之后再建立蒙版

打开素材"模块 7\ 知识点拓展 \ 蒙版 1"文档,在"图层 1"处单击鼠标左键使其蓝显。选择工具箱中的【矩形选框工具】,在图像文档上绘制出一个矩形,如图 7-53 所示。

图7-53

单击【图层】调板的【添加图层蒙版】按钮,建立一个蒙版,此时蒙版缩览图上显示选区内的区域为白色,选区外的区域为黑色,如图 7-54 所示。

图7-54

观察图像文档可以看到,选区内的区域显示出来,选区外的区域被隐藏,如图 7-55 所示。

图7-55

🖝 **提示**

添加的图层蒙版并没有破坏图层的图像,只是将部分区域隐藏起来了。

🖝 **提示**

既然可以将选区转换成蒙版,那么一定可以将蒙版转换回选区。

回到刚才已经建立蒙版的文档,按【Ctrl】键将鼠标指针移动到【图层】调板的蒙版缩览图上,此时鼠标指针变成了带选区的小手,单击鼠标左键,可以看到选区的蚂蚁线出现在文档中。

2. 先建立蒙版再建立遮挡区域

打开素材"模块 7\ 知识点拓展 \ 蒙版 1"文档，在"图层 1"处单击鼠标左键使其蓝显。单击【图层】调板中的【添加图层蒙版】图标，添加一个蒙版，如图 7-56 所示。

图7-56

再选择【矩形选框工具】，绘制一个选区。确认"背景色"为"黑色"，按【Delete】键删除选区，蒙版的图像发生改变，如图 7-57 所示。

图7-57

3. 蒙版的颜色

通过上述两例，读者会发现，蒙版上面可以填充黑白两种颜色，无法填充彩色，这是蒙版的特性之一。蒙版上只能建立三类颜色：黑色、白色和灰色。

在对之前的案例进行观察后，不难得出这样的结论，当图层蒙版为黑色时，施加蒙版的图层完全被隐藏；当图层蒙版为灰色状态时，施加蒙版的图层呈现半透明，此时上下两个图层都有部分像素显示出来；当图层蒙版为白色时，施加蒙版的图层完全显现，下层图层被完全挡住。因此，在图层蒙版上的操作，其本质就是要编辑蒙版上的黑、白、灰 3 类颜色，不管使用什么工具，只要是能填画和修改黑、白、灰颜色的就可以。

提示

蒙版的黑白灰：黑色表示完全隐藏上层图层，灰色表示部分隐藏上层图层，白色表示完全显示上层图层。

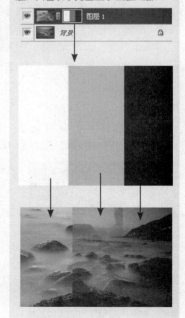

❻ 蒙版的停用与删除

1. 停止使用蒙版

创建蒙版后，如果想要观察图像全貌，可以随时关闭蒙版。停止使用蒙版不等于删除蒙版，只是将蒙版暂时隐藏，使其对图像不产生作用。

按住【Shift】键的同时在蒙版缩览图上单击鼠标左键即可停用蒙版；再次单击蒙版缩览图可恢复使用蒙版，如图 7-58 所示。

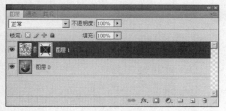

图7-58

2. 删除蒙版

在【图层】调板的图层蒙版缩览图上单击鼠标左键，选中蒙版，如图 7-59 所示。

图7-59

单击【图层】调板的【删除图层】按钮，在弹出的对话框中单击【确定】按钮，即可删除蒙版，如图 7-60 所示。

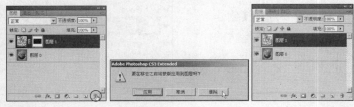

图7-60

❼ 快速蒙版

【以快速蒙版模式编辑】按钮位于工具箱中前景色和背景色图标的下方，单击该按钮，即可为图像添加一个快速蒙版。由于此时图像没有选区，因此看不到图像的任何变化，只是在标题栏上可以看到图像上被添加了快速蒙版。

使用【矩形选框工具】在文档中绘制一个选区，单击【以

🖝 提示

也可以将蒙版选中之后直接拖曳到"垃圾桶"图标上来删除。

快速蒙版模式编辑】按钮，可以看到该图像选区内以原色显示，选区外以浅红色显示，如图 7-61 所示。

图7-61

此时如果使用【画笔工具】、【橡皮擦工具】等工具在图像中涂抹，然后单击【以标准模式编辑】按钮，可以看到选区发生改变。因此使用快速蒙版可用来快速修改选区。

❽ 剪贴蒙版

剪贴蒙版是上层的对象以下层对象形状为蒙版的一种蒙版类型。打开素材"模块 7\ 知识点拓展 \GL-JY"文档，文档显示为"图层 2"完全把"图层 1"遮挡，如图 7-62 所示。

图7-62

在"图层 2"上右击，在弹出的快捷菜单中选择【创建剪贴蒙版】命令，可以看到上层对象超出下层对象形状的都被隐藏，此时"图层 2"与"图层 1"形成剪贴蒙版，如图 7-63 所示。

图7-63

提示

双击快速蒙版图标弹出对话框，在对话框中可以设置选区的蒙版显示颜色。

提示

在按下鼠标之前， ⬚ 按钮为【以快速蒙版模式编辑】，在按下按钮之后此按钮为【以标准模式编辑】。

在编辑正常图像时，使用的是"标准模式"编辑，所以在大多数时候，该按钮是处在没有被按下的状态，这是Photoshop的默认状态。

提示

将鼠标指针移动到两个图层的交界处，按住【Alt】键并单击鼠标左键，剪贴蒙版制作完成。

如果需要取消剪贴蒙版，将鼠标指针移动到两个图层的交界处，按住【Alt】键并单击鼠标左键即可解除。

如果需要取消剪贴蒙版，将鼠标指针移动到剪贴蒙版图层上，右击并在弹出的快捷菜单中选择【释放剪贴蒙版】命令即可解除。

❾ 标尺和参考线

执行【视图】>【标尺】命令，可以在文档中显示标尺。标尺位于窗口的上方和左侧。标尺可以精确地确定图像或元素的位置。

参考线是用于对齐或测量的，在建立后会随着 PSD 文件的保存被保存。

1. 建立参考线

将鼠标指针放到标尺上，按住鼠标左键不放，拖曳鼠标，就绘制出了参考线（窗口上方的标尺可以绘制出横向的参考线，左侧的标尺可以绘制出纵向的参考线），如图 7-64 所示。

图7-64

2. 移动参考线

选择【移动工具】，将鼠标指针放置在参考线上，当鼠标指针标变成╫时，按住鼠标左键就可以移动参考线，如图 7-65 所示。注意，在 Photoshop 中，参考线只可以单选。

图7-65

3. 删除参考线

选中参考线，按住鼠标左键不放，将其拖曳出操作窗口即可删除参考线，如图 7-66 所示。

图7-66

Photoshop InDesign

提示
当上一图层与下一图层显示为错位，表示该图层应用了剪贴蒙版。

提示
如果打开的Photoshop界面上没有标尺，可以执行【视图】>【标尺】命令显示标尺，或者使用快捷键【Ctrl+R】调出标尺。

提示
执行【视图】>【显示】>【参考线】命令可以显示或者隐藏参考线。

用于锁定和清除参考线

独立实践任务（2课时）

任务二　设计制作手提袋

➡ 任务背景和任务要求

蓝海集团要制作一个手提袋来宣传最新推出的教育项目。

尺寸要求：成品尺寸200mm×285mm×100mm

设计创意：巨人篇

诉求点：加盟蓝海培训教育体系，携手IT巨人同行，轻松获益

标题：携手蓝海，比肩巨人

广告语：因为专业，所以权威

画面说明：巨人的大手垂下，恭迎加盟商与蓝海同行

➡ 任务分析

使用【钢笔工具】抠选人手图像，使用【色彩范围】命令选取梯子，使用蒙版抠选白云，背景图使用渐变蒙版实现融合。由于制作的是手提袋，所以要考虑展开尺寸。由于成品尺寸为200mm×285mm×100mm，所以展开图尺寸应为638mm×395mm，最后输入文字并置入Logo。

➡ 任务素材

任务素材参见光盘素材"模块7\任务二"。

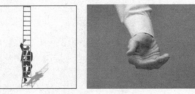  

➡ 任务参考效果图

08 模块

设计制作《环球体育》杂志书封

——通道的综合应用

任务参考效果图

➡ **能力目标**

1. 能利用通道抠选半透明的物体

2. 能使用通道计算命令设计特效

3. 能使用通道抠选头发

➡ **专业知识目标**

1. 了解书刊封面的设计常识

2. 了解书刊的装订方式

➡ **软件知识目标**

1. 掌握通道的概念

2. 掌握通道的基本操作方法

➡ **课时安排**

4课时（讲课2课时，实践2课时）

模拟制作任务（2课时）

任务一　《环球体育》杂志书封的设计与制作

➡ 任务背景

为体育画报社出版的一本《环球体育》月刊设计一款封面和封底。全刊铜版纸彩色印刷，无线胶装。

➡ 任务要求

本月期刊封面主题思想为庆祝国家跳水队成立10周年，封底为广告。

尺寸要求：成品尺寸为210mm×285mm

➡ 任务分析

设计师开始设计之前一定要将尺寸计算好，由于是采用无线胶装方式❶，因此可知本刊的书封由三部分组成，分别为封面、封底和书脊❸。由于封面的成品尺寸为210mm×285mm，封面的右侧和上下侧是预留的裁切出血位，左侧是书脊不需要预留出血位，因此在Photoshop中设置封面的宽、高尺寸分别为210mm+3mm=213mm、285mm+3mm+3mm=291mm，书脊尺寸❷根据内文纸张的克重和页数经过计算得知为10mm。

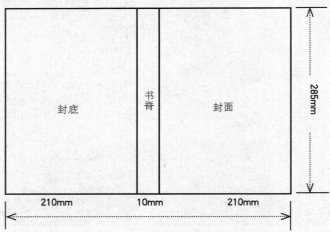

通常的书封设计可以采用两种方式，如果整个书封采用同样的底图，可以建立包含封面书脊和封底的一个大尺寸文档，在这个文档中直接设计；如果书封三部分都是各不相同的内容，可以分别设计，最后再组合到一起。

➡ 封面设计要求

封面要体现庆祝国家跳水队成立10周年的主题思想，任务中已提供了刊物的Logo和封面文字，其中封面的刊名《环球体育》四个字需要做烫金工艺。

➡ 封面设计分析

本刊封面设计需要将跳板、人物和杯子抠选出来合成到背景中。

本案例的难点一

如何抠选出一个半透明的玻璃杯

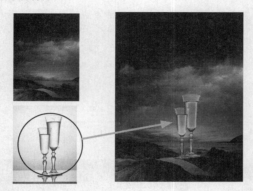

在抠选出人物之后如何将其制作出金属效果

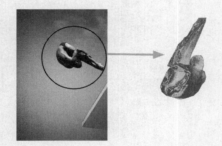

如何抠选出黑色背景中的水花

→ 封底设计要求

封底为某公司新推出的一款"魔炼"系列运动鞋广告，要求体现此鞋能给运动者带来战胜困难的勇气和力量，并且不断在逆境中得到磨练和升华，设计要大气。

→ 封底设计分析

将天空和狮子合成为一个魔幻的背景，并制造出科幻效果。然后需要将人物和石壁抠选出来合成到背景中。

本案例的难点二

如何制作天空中的狮子云彩 ◄——

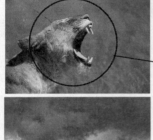

如何制作出闪电 ◄——

操作步骤详解

拼合跳板

1 打开素材"模块8\任务一\f1"，执行【图像】>【图像旋转】>【水平翻转画布】命令，如图8-1所示。

图8-1

2 选择工具箱中的【多边形套索工具】，沿着跳板边缘将跳板抠选出来，如图8-2所示。按【Ctrl+C】键复制选择的图像。

图8-2

3 打开素材"模块8\任务一\f3"，按【Ctrl+V】键，将图像粘贴到文档中，使用【移动工具】将图像移动到合适位置，如图8-3所示。

图8-3

4 打开素材"模块8\任务一\f4"，选择工具箱中的【钢笔工具】沿着杯子边缘将杯子抠选出来，如图8-4所示。

图8-4

5 执行【窗口】>【路径】命令，调出【路径】调板，按【Ctrl】键并在"工作路径"上单击鼠标左键，将路径转换成选区，文档中出现转换的选区，如图8-5所示。

图8-5

6 按【Ctrl+J】键，复制选区内对象到新图层，激活【图层】调板，可以看到此时"f4"文档的【图层】调板中出现新图层"图层1"，如图8-6所示。

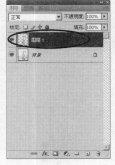

图8-6

7 在【图层】调板"背景"层眼睛处单击鼠标左键，将"背景层"隐藏，可以看到杯子被完整抠选出来，如图8-7所示，但是此时的杯子并不是半透明的，接下来需要抠选出一个半透明的杯子。

图8-7

8 激活【通道】调板❹，将"红"通道拖曳到【创建新通道】❺按钮上，得到"红 副本"通道，如图8-8所示。

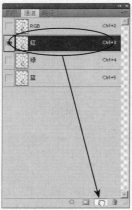

图8-8

9 按【Ctrl+L】键，弹出【色阶】对话框❼，将"输入色阶"的黑色滑块向右拖曳到"200"，单击【确定】按钮，可以看到通道颜色❽反差加大，如图8-9所示。

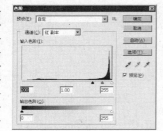

图8-9

10 按住【Ctrl】键的同时在"红 副本"通道栏处单击鼠标左键，将通道转换为选区❻，如图8-10所示。

图8-10

11 打开【图层】调板，在"图层1"栏处单击鼠标左键将其选中，按【Shift+Ctrl+I】键，反选选区，如图8-11所示。

图8-11

12 按【Ctrl+J】键，复制选区内对象到新图层，此时【图层】调板中出现"图层2"，如图8-12所示。

图8-12

13 返回到【通道】调板，将"红"通道拖曳到【创建新通道】按钮上，得到"红 副本2"通道，如图8-13所示。

图8-13

14 按【Ctrl+M】键，弹出【曲线】对话框❼，将曲线右上方的控制点垂直向下拖曳到"输出"数值为"200"处，单击【确定】按钮，此时通道颜色变得灰暗，如图8-14所示。

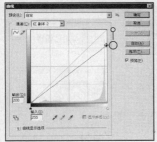

图8-14

15 按住【Ctrl】键并在"红 副本2"通道栏处单击鼠标左键，将通道转换为选区，如图8-15所示。

图8-15

16 打开【图层】调板，在"图层1"栏处单击鼠标左键，如8-16（a）所示。按【Ctrl+J】键，得到新图层"图层3"，如图8-16（b）所示。

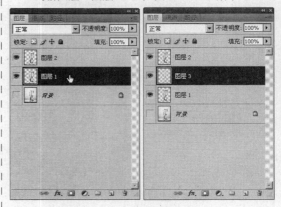

图8-16（a）   图8-16（b）

17 保持"图层3"为选中状态，然后按【Shift】键并单击"图层2"，同时选中"图层2"和"图层3"，如图8-17（a）所示。再在"图层2"栏处按鼠标左键不放，将这两个图层拖曳到文档"f3"中，如图8-17（b）所示。

图8-17（a）   图8-17（b）

制作金属人

18 打开素材"模块8\任务一\f2"，使用【钢笔工具】将人物抠选出来，在【路径】调板中将路径转换为选区，按【Ctrl+J】键，将选区内容复制到新图层上，如图8-18所示。

图8-18

19 在【图层】调版"背景"层前眼睛处单击鼠标左键,隐藏"背景"层,如图8-19(a)所示。打开【通道】调板,复制"绿"通道,如图8-19(b)所示。

图8-19(a)

图8-19(b)

20 按【Ctrl+M】键,弹出【曲线】对话框,将曲线绘制成波浪形,单击【确定】按钮,通道颜色被修改,如图8-20所示。

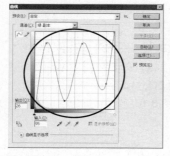

图8-20

21 按【Ctrl+A】键全选图像,按【Ctrl+C】键复制图像,切换到【图层】调板并激活"图层1",按【Ctrl+V】键粘贴图像,刚才的通道被粘贴到图层中,如图8-21所示。

图8-21

22 执行【图像】>【调整】>【渐变映射】命令,在弹出的【渐变映射】对话框中单击渐变条,然后在弹出的【渐变编辑器】对话框中选择"铜色"渐变,单击【确定】按钮,如图8-22所示。

图8-22

23 渐变被映射到图像中,再将刚才绘制的路径转换成选区,按【Ctrl+C】键复制图像,如图8-23所示。

图8-23

24 切换到文档"f3"中，按【Ctrl+V】键粘贴图像并得到新图层"图层4"。按【Ctrl+T】键，调整图像的旋转角度、大小和位置，调整合适按【Enter】键，如图8-24所示。

图8-24

25 在【图层】调板中将"图层4"拖曳到"图层2"下面，如图8-25所示。

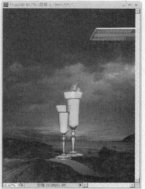

图8-25

26 打开素材"模块8\任务一\f5"，使用【移动工具】将文档"f5"的图像拖曳到"f3"中，如图8-26所示。

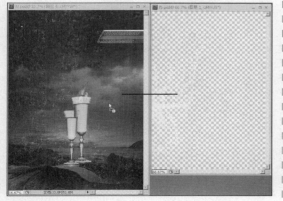

图8-26

27 至此封面效果制作完成，如图8-27所示。

图8-27

放置刊名

28 打开素材"模块8\任务一\期刊LOGO"，使用【移动工具】将文档"期刊LOGO"的刊头文字图像拖曳到文档"f3"中，如图8-28所示。

图8-28

29 将刚才复制过来的刊头文字移动到文档左上方，在工具箱中选择【横排文字工具】，录入主标题文字，设置好文字的字体、字号和颜色，如图8-29所示。

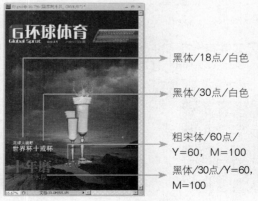

黑体/18点/白色

黑体/30点/白色

粗宋体/60点/
Y=60，M=100

黑体/30点/Y=60，
M=100

图8-29

制作"环球体育"文字烫金版❾

30 将"环球体育"图层改为"图层6",选择工具箱中的【矩形框选工具】,将"环球体育"4个字框选起来,选择【移动工具】,然后分别按【左】、【右】方向键,文字四周出现蚂蚁线,如图8-30所示。

图8-30

提示

框选时注意不要将其他的对象也选中。

31 打开【通道】调板,单击【通道】调板右上角的下三角按钮,在弹出的下拉菜单中选择"新建专色通道"选项,如图8-31(a)所示。在弹出的对话框中修改"名称"为"烫金版",单击【确定】按钮,如图8-31(b)所示。

图8-31(a)

图8-31(b)

32 文档中的"环球体育"4个字变成了红色,如图8-32(a)所示。【通道】调板中出现刚才新建的专色通道"烫金版",如图8-32(b)所示。

图8-32(a)　　　　　图8-32(b)

33 单击【通道】调板中的"烫金版"通道的眼睛图标,隐藏"烫金版"专色通道,文字变回白色,如图8-33所示。

图8-33

34 使用【矩形选框工具】再次框选"环球体育"4个字,激活"图层6",如图8-34所示。

图8-34

35 按【Delete】键将选区内容删除,封面设计完成,如图8-35所示。

图8-35

制作封底广告背景

36 打开素材"模块8\任务一\wuyunmibu3_006"和"模块8\任务一\shizi3_016"文档,使用【多边形套索工具】选中"shizi3_016"文档中的狮子,按【Shift+F6】键,在弹出的【羽化选区】对话框中将"羽化半径"设置为"5像素",单击【确定】按钮,按【Ctrl+C】键复制选区中的内容,如图8-36所示。

图8-36

37 激活"wuyunmibu3_006"文档,按【Ctrl+V】键将刚才复制的内容粘贴到当前文档中,按【Ctrl+T】键,将狮子顺时针旋转45°,按【Enter】键确认操作,如图8-37所示。

图8-37

38 使用【多边形套索工具】选中狮子头的以上部分,按【Alt+Ctrl+D】键,在弹出的对话框中将"羽化半径"设置为"20",单击【确定】按钮,按【Delete】键删除选区内容。使用同样方法将狮子头的以下部分删除,如图8-38所示。

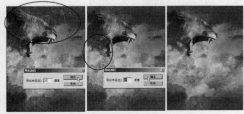

图8-38

39 激活【图层】调板,在"背景"层栏处双击,将"背景"层转换为普通层"图层0",如图8-39(a)所示。执行【编辑】>【变换】>【垂直翻转】命令,将"图层0"垂直镜像,如图8-39(b)所示。

图8-39(a)　　　　　图8-39(b)

40 执行【图像】>【计算】⑩命令,在弹出的【计算】对话框中设置参数,如图8-40(a)所示。单击【确定】按钮,效果如图8-40(b)所示。打开【通道】调板,可以看到当前文档显示的是刚才通过计算得到的"Alpha1"通道,如图8-40(c)所示。

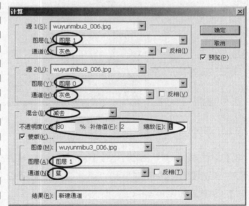

图8-40(a)

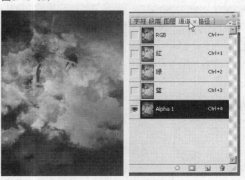

图8-40(b)　　　　　图8-40(c)

41 按【Ctrl+A】键全选图像，再按【Ctrl+C】键复制图像，如图8-41所示。

图8-41

42 打开【图层】调板，在"图层1"栏处单击鼠标左键，如图8-42（a）所示。按【Ctrl+V】键，将刚才复制的通道粘贴到文档中，如图8-42（b）所示。

图8-42（a）　　　　　图8-42（b）

43 按【Ctrl+B】键，在弹出的【色彩平衡】对话框中分别设置"中间调"和"高光"，单击【确定】按钮，如图8-43（a）所示。图像颜色发生变化，如图8-43（b）所示。

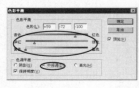

图8-43（a）　　　　　图8-43（b）

融合图像元素

44 打开素材"模块8\任务一\篮球人"文档，按【Ctrl+A】键全选图像，按【Ctrl+C】键复制选区内容，如图8-44所示。

图8-44

45 激活"wuyunmibu3_006"文档，按【Ctrl+V】键将刚才复制的内容粘贴到当前文档中，设置图层混合模式为【正片叠底】，选择【移动工具】将人物移动到页面的右方，如图8-45所示。

图8-45

46 打开素材"模块8\任务一\zhongjian3_173"文档，使用【多边形套索工具】选中左侧石堆，按【Ctrl+C】键复制选区内容，如图8-46所示。

图8-46

47 激活"wuyunmibu3_006"文档,按【Ctrl+V】键将刚才复制的内容粘贴到当前文档中,执行【编辑】>【变换】>【水平翻转】命令,将复制的石堆水平镜像,按【Ctrl+T】键调出自由变换定界框,将石堆移动到页面的右下方并缩小图像到合适大小,如图8-47所示。

图8-47

制作闪电

48 打开【通道】调板,单击【创建新通道】按钮,新建"Alpha2"通道,为了能够定位闪电的位置,在"红"通道眼睛图标处单击鼠标左键显示该通道,如图8-48所示。

图8-48

49 选择【画笔工具】,确认前景色为"白色",为了得到从狮子口到石堆的闪电,将狮子口到石堆的右上角全部涂成白色,如图8-49所示。

图8-49

50 单击"红"通道前的眼睛图标,关闭该通道,此时文档显示的是"Alpha2"通道的内容,如图8-50所示。

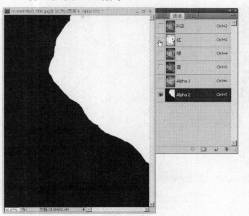

图8-50

51 执行【滤镜】>【渲染】>【分层云彩】命令,按【Ctrl+L】键,弹出【色阶】对话框。在对话框中将"输入色阶"的黑色滑块向右移动少许,将白色滑块向左侧大幅度移动,图像发生改变,如图8-51所示。单击【确定】按钮。

图8-51

52 使用【画笔工具】将其他残留的黑色色块涂成白色,如图8-52所示。

图8-52

53 在"Alpha2"通道上按住鼠标左键不放将其拖曳到【将通道作为选区载入】按钮上，松开鼠标，蚂蚁线出现在文档中，如图8-53所示。

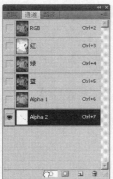

图8-53

54 打开【图层】调板并在"图层4"上单击鼠标左键，如图8-54（a）所示。按【Ctrl+Shift+I】键将选区反选，如图8-54（b）所示。

图8-54（a）　　　　图8-54（b）

55 单击【图层】调板的【创建新图层】按钮，得到"图层5"，如图8-55（a）所示。确认"前景色"为"白色"，按【Alt+Delete】键填充白色，如图8-55（b）所示。

图8-55（a）　　　　图8-55（b）

56 使用【矩形选框工具】框选闪电的上部分，按【Delete】键删除选区内容。用同样方法删除下部分闪电，如图8-56（a）所示。新建"图层6"，如图8-56（b）所示。

图8-56（a）　　　　图8-56（b）

57 选择工具箱中的【画笔工具】，然后再选择【前景色】工具，在弹出的【拾色器（前景色）】对话框中选择一个深红色，单击【确定】按钮，如图8-57所示。

图8-57

58 在闪电的下部单击鼠标左键，绘制一个虚边的红色块，如图8-58（a）所示。在工具箱中选择【设置前景色】工具，激活拾色器，再在【拾色器（前景色）】对话框中选择一个浅红色，单击【确定】按钮，如图8-58（b）所示。

图8-58（a）　　　　图8-58（b）

59 在同样的地方单击鼠标左键绘制出一个浅红色的虚边色块，如图8-59（a）所示。再次激活拾色器，在弹出的【拾色器（前景色）】对话框中选择一个白色，单击【确定】按钮，如图8-59（b）所示。

图8-59（a）   图8-59（b）

60 在图像上右击，弹出画笔笔刷设置面板，向左拖曳"主直径"上的滑块，缩小笔刷大小，如图8-60所示。

图8-60

61 再在同一地方按住鼠标左键，绘制出一个白色虚边的色块，如图8-61所示。

图8-61

62 选择工具箱中的【涂抹工具】，如图8-62（a）所示。在色块的边缘处按住鼠标左键不放，向左上方拖曳鼠标，将刚才绘制的色块从里向外涂抹开，如图8-62（b）所示。

图8-62（a）   图8-62（b）

63 在【图层】调板中将混合模式设置为"滤色"，如图8-63（a）所示。图像发生变化，如图8-63（b）所示。

图8-63（a）   图8-63（b）

64 新建"图层7"，如图8-64（a）所示。在狮子头部用【画笔工具】绘制两个虚边的白色块，如图8-64（b）所示。

图8-64（a）   图8-64（b）

制作飞溅的石块

65 激活"zhongjian3_173"文档，使用【多边形套索工具】选中右侧石块，按【Ctrl+C】键复制选区内容，如图8-65所示。

图8-65

66 激活"wuyunmibu3_006"文档，按【Ctrl+V】键将刚才复制的内容粘贴到当前文档中，执行【滤镜】>【模糊】>【动感模糊】命令，在弹出的对话框中设置参数，如图8-66（a）所示，图像产生运动模糊的效果。用同样方法制作出其他的石块效果，如图8-66（b）所示。

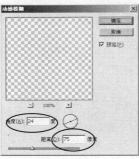 
图8-66（a）   图8-66（b）

拼合企业素材

67 打开素材"模块8\任务一\球鞋"，按【Ctrl+A】键全选图像，按【Ctrl+C】键复制图像，如图8-67所示。

图8-67

68 激活"wuyunmibu3_006"文档，按【Ctrl+V】键将刚才复制的内容粘贴到当前文档中，按

【Ctrl+T】键，调出自由变换定界框，调整大小并将鞋子移动到文档的右下侧，按【Enter】确认操作，如图8-68（a）所示。输入文字，广告制作完成，如图8-68（b）所示。

图8-68（a）   图8-68（b）

设计书脊

69 按【Ctrl+N】键，在弹出的【新建】对话框中设置"宽度"为"10毫米"，"高度"为"291毫米"，"分辨率"为"300像素/英寸"，"颜色模式"为"CMYK颜色"，单击【确定】按钮，如图8-69（a）所示。得到一个竖条的文档，如图8-69（b）所示。

图8-69（a）   图8-69（b）

70 选择工具箱中的【设置前景色】工具，在弹出的【拾色器（前景色）】对话框中设置C、M、Y为"0"、K为"100"的黑色，单击【确定】按钮，如图8-70（a）所示。按【Alt+Delete】键，填充前景色，如图8-70（b）所示。

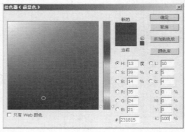 
图8-70（a）   图8-70（b）

71 打开素材"模块8\任务一\shuji",使用【移动工具】将"shuji"文档内容拖曳到刚才新建的文档中,如图8-71(a)所示。使用【移动工具】将拖曳过来的内容移动到文档中间,如图8-71(b)所示。

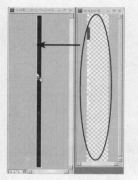

图8-71(a)　　　　　　图8-71(b)

72 单击【图层】调板的【创建新图层】按钮,新建"图层2",如图8-72(a)所示。选择工具箱中的【设置前景色】工具,在弹出的【拾色器(前景色)】对话框中设置C、K为"0",M为"80",Y为"100",如图8-72(b)所示。

图8-72(a)　　　　图8-72(b)

73 选择工具箱中的【矩形选框工具】,在文档上半部分绘制出一个矩形选框,按【Alt+Delete】键,填充前景色,如图8-73(a)所示。用相同方法再绘制出两个色块,书脊设计完成,如图8-73(b)所示。

图8-73(a)　　　图8-73(b)

拼合封面、封底和书脊

74 打开之前设计好的封面文档"f3",按【Ctrl+Alt+C】键,弹出【画布大小】对话框,将"宽度"设置为"436毫米"、"高度"为"291毫米"、"定位"为"右侧定位",单击【确定】按钮,如图8-74所示。

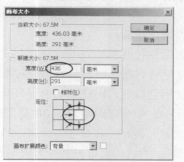

图8-74

75 将封底和书脊文档打开,单击封底文档标题栏使其呈蓝色显示,按【Ctrl+A】键,然后按【Shift+Ctrl+C】键,如图8-75(a)所示。激活封面文档,按【Ctrl+V】键,选择工具箱中的【移动工具】,将粘贴的对象移动到页面最左侧,如图8-75(b)所示。

图8-75(a)　　　　　图8-75(b)

76 用同样方法将书脊粘贴到封面文档中,书脊放置在页面的中间位置,封底放置在页面最左方,书封设计完成,如图8-76所示。

图8-76

知识点拓展

❶ 书刊装订方式

目前书刊的装订方式有骑马订、无线胶装、锁线胶装和精装等。每种装订方式都有其自身的特点和要求，每种装订方式的成本也大不相同，骑马订最便宜，接着是无线胶装、锁线胶装，最贵的是精装。

1. 骑马订的特点和要求

骑马订是在装订时将纸张对折，然后在纸张的中缝骑订上两三个铁钉使书刊成册，因此书刊内页页数必须是4的倍数，比如36页、48页等页码数，像34页、50页的书刊则不能使用骑马订方式装订。骑马订通常用于档次较低、页码较少的书刊，页码多的书刊采用此装订方式则有掉页的可能。

骑马订由于是直接在中缝骑订上铁钉，全书可以完全展开，因此书封的封面和封底之间没有书脊，在设计时不需要考虑书脊尺寸，如图8-77所示。

> **σ⁻ 提示**
>
> 按照折页方式折好页的纸张也称为折手，一张折好页的大纸张称为一个折手，书刊中最常见的一个折手是16页。

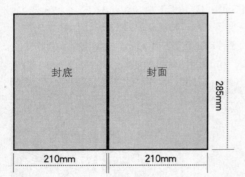

封底　　封面　　285mm

210mm　　210mm

图8-77

2. 无线胶装、锁线胶装的特点和要求

无线胶装是装订时将印刷好的内页大纸张通过某种折页方式折好，然后将折好页的纸张整齐叠放在一起，再将叠放好的纸张铣背打毛，铣背完成后，在纸张的铣背处涂抹上胶水使叠放的纸张能牢牢粘在一起，最后在书封的封二、封三之间处也刷上胶水，将书封与内页粘在一起完成装订。

无线胶装是通过刷胶来粘贴叠放的纸张，当纸张被叠放在一起时就会产生一个厚度，也就是书脊，因此设计师在设计此类装订方式的书刊时，一定要考虑并计算好书脊的厚度。

锁线胶装与无线胶装比较相似，当书刊页码数很多时，为了避免出现掉页现象，最好采用锁线胶装。锁线胶装由于使用棉线对内页进行缝装，不需要刷胶水，因此不需要铣背这道工艺。

3. 精装的特点和要求

精装是最昂贵的，也是档次最高的一种书刊装订方式，通常在书封的表面装裱上厚纸板（荷兰板）以使封面更加挺拔、高贵。精装书在设计时尺寸计算最为复杂，需要考虑的因素也最多，如页码数、纸张厚度、荷兰板的厚度、飘口和包边尺寸等，设计师还要注意压槽部位。通常情况下为了得到精确的尺寸，最好咨询合作印刷厂。

精装书书封尺寸包含书芯尺寸、书脊尺寸（包含书芯厚度和荷兰板厚度）、飘口尺寸、包边尺寸等，如图 8-78 所示。

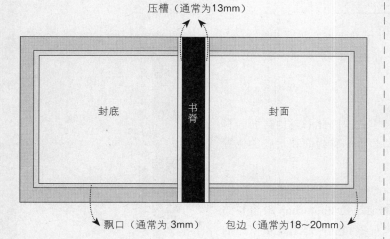

图8-78

♂ 提示

如果一本精装书使用 3 mm 的荷兰板，内页成品尺寸为 210mm×285mm，书芯厚度为 20mm，则整个书封的尺寸长、宽分别为466mm、331mm。

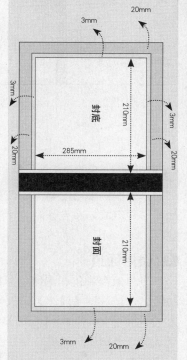

❷ 计算书脊厚度

书脊的厚度由书芯厚度、书封纸张厚度、胶黏宽度 3 部分组成，如图 8-79 所示。

书芯厚度由书芯页码数和纸张厚度决定，计算公式为：

书芯厚度 = 页码数 /2× 纸张克数 × 纸张厚度系数

纸张厚度系数与纸张类型有关，通常书写纸系数为 0.0015；胶版纸为 0.0014；单面铜版纸为 0.0012；双面铜版纸为 0.0011。

书封纸张厚度也使用以上计算方式，胶黏宽度通常为 0.5mm。

建议设计师为了得到标准的书脊厚度尺寸，最好咨询合作的印刷厂。

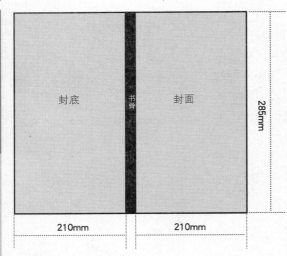

封底　书脊　封面

285mm

210mm　210mm

图8-79

❸　**封面和封底的位置**❶

　　书中案例采用的是无线胶装方式，因此书封由封面、封底和书脊组成，在设计时设计师最容易将封面和封底的位置放反。

❹　**调用通道**

　　作为储存颜色和选区信息的通道是 Photoshop 最重要的功能之一，通过【通道】调板来观察和操作通道是最常见的方式。执行【窗口】>【通道】命令，即可弹出【通道】调板。默认状态下图层、通道、路径都被放置在一个面板中，通过选择面板中的各个选项卡可以分别打开【图层】、【通道】、【路径】调板，如图 8-80 所示。

图8-80

❶　请参考案例包中提供的书封实例样品。

　**提示：封面和封底位置**

市场上最常见的是右开书，即装订位置在书刊的左边，翻页从右边向左边翻动，此类书刊的封面在纸张的右边，封底在纸张的左边。当然也有一些左开书，如外版书和古装书，因此在设计之初，一定要确认书刊的开书方向。

❺ 认识【通道】调板

打开素材"模块 8\知识点拓展\通道 01",执行【窗口】>【通道】命令,弹出【通道】调板,如图 8-81 所示。

图8-81

可以看到,【通道】调板和【图层】调板有些相似,都是层层叠叠放置着一些图片缩览图。通道最上方是一张彩色的缩览图,下面分布着几张黑白的缩览图,名称分别为"RGB"、"红"、"绿"、"蓝"。彩色缩览图即"RGB",称为复合通道,复合通道只是用来显示当前文档所有的颜色信息;黑白缩览图即"红"、"绿"和"蓝",称为原色通道,它们也分别称为"红"通道、"绿"通道和"蓝"通道。当前文档显示图像的颜色被拆分成红、绿、蓝三色并分别储存到对应的通道中。"RGB"、"红"、"绿"、"蓝"通道统称为颜色通道,如图 8-82 所示。

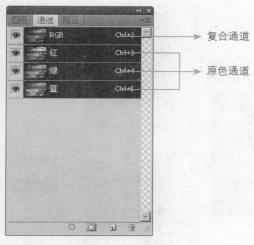

复合通道

原色通道

图8-82

每个通道的左边都有一个眼睛图标,通过开、关此眼睛图标来显示和隐藏通道。【通道】调板的最下面分布着一些按钮,通过单击这些按钮可以操作【通道】调板中的通道,如图 8-83 所示。

⚙ **提示**

复合通道显示的内容是将所有显示的图层叠加之后的显示效果,也就是文档当前显示的内容。

①打开素材"模块8\知识点拓展\通道02",当前图层为全部开启状态,文档显示为图层叠加之后的效果,复合通道显示的就是这个叠加效果。

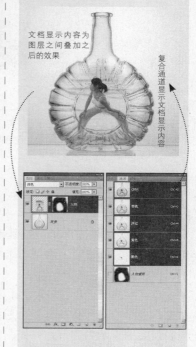

文档显示内容为图层之间叠加之后的效果

复合通道显示文档显示内容

②关闭【图层】调板上"人物"图层,文档显示内容变化,复合通道显示内容也随之变化。

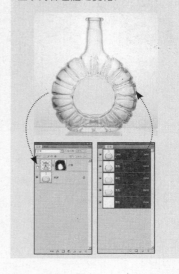

Photoshop InDesign

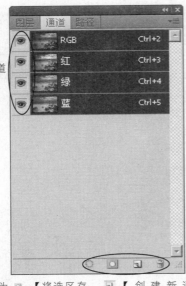

显示和隐藏通道

○【将通道作为　□【将选区存　□【创 建 新 通　□【删除当前
　 选区载入】可　　 储为通道】　　 道 】 可 以 建　　 通道】可以
　 以将通道转换　　 可以将选区　　 立 一 个 新 的　　 删除当前选
　 成选区　　　　　 转换成通道　　 “Alpha”通道　　 中的通道

图8-83

❻ 操作通道

　　【通道】调板提供了一些基本的功能用来操作通道，如选择通道、复制通道、通道与选区互换、删除通道等。

　　1. 选择通道

　　默认状态下，【通道】调板中的所有通道都呈蓝色显示状态，表示当前操作的是复合通道，复合通道上的显示内容与当前文档显示内容一致，如图 8-84 所示。

图8-84

　　在【通道】调板中的任意一个原色通道上单击鼠标左键，使其呈蓝色显示（也称为激活该通道），表示当前操作的是当前呈蓝色显示的通道。单击原色通道之后，其他通道的眼睛图标自动关闭，并且文档显示为当前选择的通道内容，如图 8-85 所示。

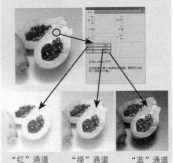

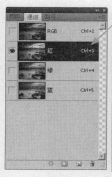

图8-85

　　选择某一个原色通道之后，仍然可以通过开、关其他的颜色通道眼睛图标来观察效果，文档显示内容为当前开启的通道的混合效果，如图 8-86 所示。

图8-86

　　在复合通道上单击鼠标左键，全部通道呈蓝色显示，再次恢复为操作复合通道，如图 8-87 所示。

图8-87

　　2. 建立新通道

　　（1）新建通道

　　在【通道】调板的【创建新通道】按钮上单击鼠标左键，得到一个新通道"Alpha1"，并且显示为黑色。再次在此图标上单击鼠标左键，得到一个新通道"Alpha2"，如图 8-88 所示。

　　"洋红"通道是被选择的通道，复合通道眼睛开启，图层文档显示为图层叠加之后的彩色图像。

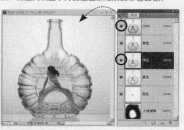

　　此时使用移动工具将会出现警告对话框，移动工具受到限制。

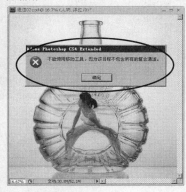

　　只有激活复合通道才能进行图层操作。

  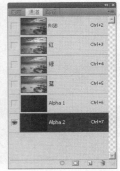

图8-88

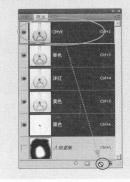
（2）复制通道

在选择某一个原色通道之后，可以在【通道】调板中复制一个该通道。例如在"红"通道上按住鼠标左键不放并拖曳到【创建新通道】按钮上，即可得到"红 副本"通道，如图 8-89 所示。

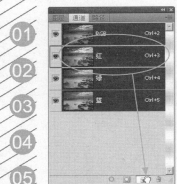 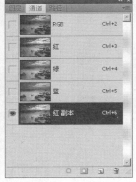

图8-89

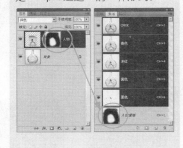
3. 通道与选区转换

因为通道包含着选区信息，因此通道也常常需要被转换成选区，转换之后可以到图层调板中对选区内的图像进行编辑。

在"红"通道上按鼠标左键并拖曳到【将通道作为选区载入】按钮上，文档中出现蚂蚁线，该通道包含的选区信息被转换成选区，如图 8-90 所示。

图8-90

当文档上有选区时，可以将其存储为通道。在【通道】调板上的【将选区存储为通道】按钮上单击鼠标左键，得到"Alpha1"通道，这个新的通道存储了文档上当前的选区，从而可以放心将选区取消，进行其他的操作，当需要使用该选区时，将其转换成选区即可，如图 8-91 所示。

图8-91

4. 删除通道

当一些通道不会再使用到或者这些通道影响了设计师的操作，可以将其删除。在要删除的通道上按住鼠标左键并拖曳到【删除当前通道】按钮上，松开鼠标即可删除，如图 8-92 所示。

图8-92

❶ 编辑通道——工具和命令

运用通道包含选区信息的特性，使用一些工具和命令可以创建复杂选区，通过这些复杂选区，可以制作出非常绚丽的效果。

1. 使用工具编辑通道

工具箱中只要是能够绘制和改变颜色的工具都可以用来编辑通道，如【画笔工具】、【渐变工具】、【加深工具】、【减淡工具】等。

（1）【画笔工具】编辑通道

选择工具箱中的【画笔工具】，单击【通道】调板中的"Alpha1"通道，将鼠标移动到文档上，在文档上按住鼠标左键不放反复涂抹，可以看到通道发生改变，如图 8-93 所示。

提示

选区存储为通道是非常重要的操作，辛苦建立起来的选区想要反复使用或者编辑，一定要将其存储为通道。

提示

先激活想要删除的通道，然后单击【删除当前通道】按钮也可以删除通道。

提示

复合通道不能被删除，复合通道为激活状态时，删除通道图标消失为灰色。原色通道可以被删除，但是删除原色通道一定要慎重，除非制作某些特效。

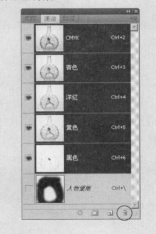

提示

对原色通道和"Alpha"通道进行的编辑和编辑灰度图像一样，因此只要是能够对灰度图像产生作用的工具和命令都可以使用。

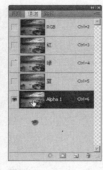

图8-93

（2）【渐变工具】编辑通道

选择工具箱中的【渐变工具】，单击【通道】调板中的 "Alpha1" 通道，将鼠标移动到文档上，在文档上按住鼠标左键不放并拖曳，可以看到通道发生改变，产生一个渐变，如图 8-94 所示。

图8-94

（3）【加深工具】编辑通道

选择工具箱中的【加深工具】，单击【通道】调板中的 "Alpha1" 通道，将鼠标移动到文档上，在文档上需要加深的位置按住鼠标左键不放并反复涂抹，可以看到通道发生改变，如图 8-95 所示。

图8-95

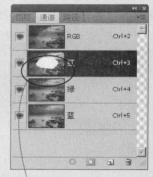

使用【画笔工具】将"红"通道涂抹上白色，可以看到图像颜色发生改变。

2. 使用【颜色调整】命令编辑通道

使用【颜色调整】命令也是编辑通道最常用到的方法，如【色阶】、【曲线】、【反相】等命令。

（1）【色阶】命令编辑通道

单击【通道】调板中的"Alpha1"通道，按【Ctrl+L】键，在弹出的【色阶】对话框中拖曳控制滑块，可以看到通道发生改变，如图 8-96 所示。

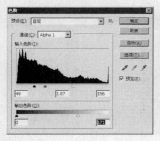

图8-96

（2）【曲线】命令编辑通道

单击【通道】调板中的"Alpha1"通道，按【Ctrl+M】键，在弹出的【曲线】对话框中拖曳控制点，可以看到通道发生改变，如图 8-97 所示。

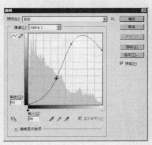

图8-97

3. 使用【滤镜】编辑通道

作为制作特效的【滤镜】命令，与通道结合能够发挥更加强大的功能。

（1）【模糊】命令编辑通道

单击【通道】调板中的"Alpha1"通道，执行【滤镜】>【模糊】>【高斯模糊】命令，在弹出的【高斯模糊】对话框中调整"半径"参数，可以看到通道发生改变，如图 8-98 所示。

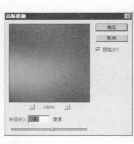
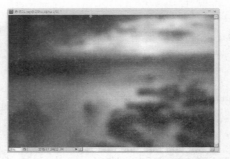

图8-98

（2）【扭曲】命令编辑通道

单击【通道】调板中的"Alpha1"通道，执行【滤镜】>【扭曲】>【旋转扭曲】命令，调整角度参数，可以看到通道发生改变，如图 8-99 所示。

图8-99

（3）【渲染】命令编辑通道

单击【通道】调板中的"Alpha1"通道，执行【滤镜】>【渲染】>【分层云彩】命令，调整角度参数，可以看到通道发生改变，如图 8-100 所示。

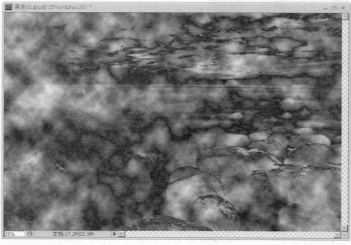

图8-100

♂ 提示

"Alpha"通道就像一个"原始素材"，使用工具和命令对其深加工获得想要的选区。这个"原始素材"大概有3种来源。

①直接新建通道：在【通道】调板中直接新建一个黑色的"Alpha"通道，然后使用工具和命令对其编辑。

②将选区储存为通道：在文档上先建立一个选区，然后存储为"Alpha"通道。

③复制原色通道：将原色通道复制成为"Alpha"通道，因为原色通道中包含了很多文档选区的珍贵信息，直接使用这个复制品进行编辑可以快速高效地完成工作。

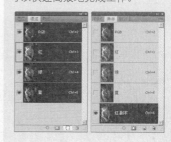

♂ 提示

工具和命令可以组合使用来编辑通道，从而获得更加理想的选区，例如对通道使用【分层云彩】命令之后再使用色阶调整。

❽ 通道的颜色

通道对于初学者来说之所以难以理解，是因为一旦打开【通道】调板，就像进入一个黑白世界，初学者很难想象如此丰富多彩的绚丽图像居然就是由几张冷冰冰、黑漆漆的灰色图像所形成的。通道只有黑、白、灰 3 种颜色，使用任何工具或者命令编辑通道相当于编辑一张灰度图。

【通道】调板中的名称和原色通道数量是由图像的颜色模式决定的。用户最常接触到的是 RGB 和 CMYK 颜色模式的图片，下面对这两种颜色模式的图像通道进行讲解。

1. RGB 颜色模式的图像通道

任意打开一张 RGB 图像，可以看到它有 4 个通道，一个复合通道和 3 个原色通道。分别单击原色通道，观察文档图像的变化（图像文档此时显示为选择的通道内容）。通过对应图像的颜色，观察通道的黑、白、灰变化，可以发现图像上红色的像素在"红"通道中显示为白色，绿、蓝都是黑色；绿色的像素在"绿"通道中显示为白色，红、蓝为黑色；蓝色像素在"蓝"通道中显示为白色，红、绿为黑色；白颜色在 3 个通道都为白色，黑颜色在 3 个通道中都为黑色，如图 8-101 所示。

> **σ 提示**
>
> RGB 颜色模式是色光加色法的一种颜色模式，因此可以将 RGB 的通道想象为在一个黑色房间一面黑色的墙上分别用电筒打上红、绿、蓝 3 个强光，然后在电筒的前面挡上 3 个遮片（3 个原色通道），光从遮片透明部分穿过，黑色部分光被遮挡，然后都投射在墙上同一个地方，就可以在墙上看到一个彩色的图像（文档图像和复合通道）。

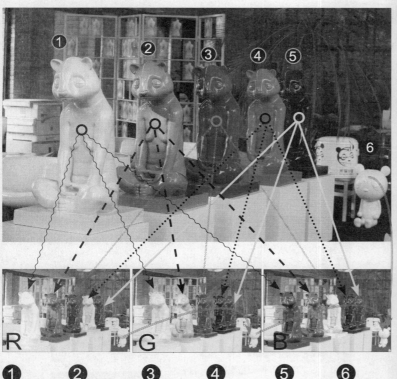

① 因为黄色是由红色和绿色相加而成，因此黄色像素在"红"、"绿"通道中为白色，蓝色为黑色

② 绿色像素的"绿"通道为白色，红、蓝为黑色

③ 蓝色像素的"蓝"通道为白色，红、绿为黑色

④ 红色像素的"红"通道为白色，蓝、绿为黑色

⑤ 黑色像素的所有通道都为黑色

⑥ 白色像素的所有通道都为白色

图8-101

投影到墙上的彩色的图像

3 个遮片

3 个色光

3 个色光分别为最强（255）的红绿蓝三色光；遮片上越白的地方表示遮片越透明，通过的光就越多，此处该颜色就越多，反之越少（所以使用工具和命令直接修改原色通道，其实就是修改遮片的遮光区域）。

请参考案例包中的遮片

2. CMYK 颜色模式的图像通道

　　CMYK 颜色模式是印刷专用的颜色模式，打开一张 CMYK 模式的图片，在通道【调板】中可以看到 5 个通道：1 个是复合通道，4 个是原色通道。分别单击原色通道，观察文档图像变化（图像文档此时显示为选择的通道内容）。通过对应图像的颜色观察通道的黑、白、灰变化，可以发现变化规律正好跟 RGB 模式图像相反，例如，图像上黄色的区域，黄色通道为黑，其他的通道为白色，如图 8-102 所示。

提示

在Photoshop中，其实这3个色光是可以显示出来的，执行【编辑】>【首选项】>【界面】命令，在"常规"选项组中勾选【用彩色显示通道】复选框，可以看到通道的色光显示出来，通常带着颜色的通道会干扰用户，因此还是使用默认的黑白显示最好。

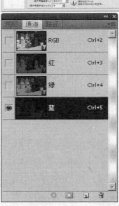

图8-102

与RGB颜色模式相反，某种颜色成分越多的地方，这个颜色通道上的这个地方越黑。白色的区域所有通道此处都是白色，黑色的区域此处所有通道都为黑色。

　　CMYK 颜色模式的图像通道也可以想象为一张白纸依次经过印刷机的青、品、黄、黑 4 个墨辊，墨辊上紧贴着 4 个遮片（印刷专用 PS 版），遮片黑色的部分吸上油墨；白色部分不吸墨；灰色部分吸部分墨，油墨被印刷在纸张的同一个位置，走完 4 个墨辊，在纸张上就可以看到一张彩色图像，如图 8-103 所示。

白纸

图8-103

提示

通过上述讲解，通道的黑白灰显示是遮片的遮光性，也就是通过光的多少。白色区域透光最好，光全部通过，称为"有"，通道转换为选区之后表示该区域为"全选"；灰色区域表示部分光通过，也就是"部分有"，转换为选区表示"部分选"；黑色区域表示光完全被遮挡，"没有"光通过，转换为选区表示"不选"。理解了这些知识对设计者控制通道大有好处。

❾ **制作专色版**

在印刷中为了得到一些特殊的效果或者节约成本,客户会选择使用一些特殊的印刷油墨(如印金、印银❶)和一些特殊的后期工艺(如烫金、烫银、起鼓、UV、模切❷等),这种使用特殊油墨和特殊工艺的印刷称为专色印制,为此类特殊效果设置的版称为专色版,专色版需要设计师在软件中设置好。

在开始设计专色版之前,一定要了解客户意图,客户想要做什么专色,在哪里做,做成什么形状,做多大面积。只有确认好这些信息之后,才能开始设计,如图8-104所示。

客户想要在此图的右上方做一个50mm×50mm的圆形烫金效果。

图8-104

打开素材"模块8\知识点拓展\专色01",按【F8】键,调出【信息】调板,如图8-105所示。

❶ 请参考案例包中提供的专色印刷和专色工艺实例样品。

❷ 请参考案例包中的字体、字号、线条的烫金工艺的实物。

┌─── **提示**

严格意义上说特殊后期工艺不属于专色范畴,但是设计师在设计特殊后期工艺时与印刷专色版的设置方法一样,因此本书统称为专色,并分别称它们为印刷专色和工艺专色。

┌─── **提示**

在哪里做、做成什么形状、做多大面积可以简称为"位置"、"形状"、"大小",它们也是专色的三要素。

"位置
形状
大小"

在实际生产中这三个要素是客户意图或者是设计师与客户沟通得到的结果。

位置、形状、大小也不是随意确定的,实际设计印刷生产中都有其规律。

在什么位置做能提高印刷品档次;做成什么样的形状才能美观,工艺能实现;多大的面积既能控制成本又能保证质量,多小的字号,多细的线条不能设置烫金版,这些都需要设计师给出专业的建议供客户参考。

图8-105

选择工具箱中的【椭圆选框工具】，确认选项框中的羽化值❶为"0"，按住【Shift】键，在文档的右上方绘制出一个 50mm×50mm 的正圆选区，如图 8-106 所示。

羽化: 0 px ☑ 消除锯齿

图8-106

⚙ 注意

如果此时羽化值大于0，也就是选区边缘出现虚化效果，这将会产生极其严重的事故。在设置工艺专色版时，一定不能出现选区虚化的现象，这也是专色设置三法则之———— "虚实"关系。

❶ 请参考案例包中提供的羽化值大于0的错误实例样品。

⚙ 提示

在绘制圆形的时候通过观察【信息】调板的数据来控制大小。

当前的选区中不要填充任何颜色❻，激活【通道】调板，单击【通道】调板右上方的下三角按钮，在弹出的下拉菜单中选择【新建专色通道】❼命令，如图 8-107 所示。

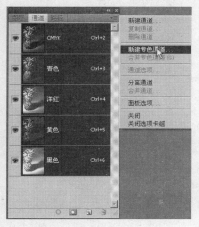

图8-107

在弹出的【新建专色通道】对话框中设置"名称"为"烫金版"，单击【确定】按钮，选区被转换成一个专色通道，专色版设置完成，根据这个专色通道，印刷厂才能制作出需要的烫金效果，如图 8-108 所示。

图8-108

综上所述，通道可以分成三类，一种为颜色通道，储存了颜色和选区信息；一种为 Alpha 通道，只包含选区信息；还有一种为专色通道，包含了专色和选区信息，如图 8-109 所示。

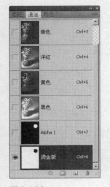

图8-109

❻ 当前的选区不能有其他颜色覆盖在图像上，如果有也需要将其删除干净，这样做是为了避免烫金工艺过程中出现的套不准而出现露白现象，这是专色设置三法则之二——"叠套"关系。

请参考案例包中提供的填充了白色之后出现的露白现象的错误实例样品。

❼ 将选区设置为专色通道是最重要的步骤，此步骤直接决定是否获得专色版，这是专色设置三法则之三——"颜色"关系。

请参考案例包中提供的没有操作此步骤的错误实例样品。

σ 提示

在【新建专色通道】对话框将"名称"设置为"烫金版"只是为了方便观看，设计者也可以定义任意名称。【新建专色通道】对话框中的"颜色"没有实际意义，只是为了显示需要，设计者也可以任意定义，设置原则为与底色区别越大越好。"密度"也只是为了显示需要，没有特别含义，密度值越高，在文档中显示效果越明显。

❿ 编辑通道——计算

计算是所有编辑通道命令中最难掌握的一种命令。

计算通过将两个图像通道以某种混合模式进行混合，得到一个新的通道或者选区。

打开素材"模块8\知识点拓展\DSC_8692_before"，执行【图像】>【计算】命令，弹出【计算】对话框。大致可以将对话框中的内容分成三部分："源1区"、"源2区"和"混合区"。将【计算】命令中的三部分与图层混合比较，可以将"源1"看做混合色，"源2"看做基色，"结果"为结果色，如图8-110所示。

图8-110

在"源1"、"源2"下拉列表框中可以选择图像文档，当Photoshop桌面上同时打开多张尺寸一样的图像文档时，在下拉菜单中可以选择不同的文档，如图8-111所示。

图8-111

如果文档中包含多个图层，在【计算】对话框中的"图层"下拉列表框中可以选择不同的图层，如图8-112所示。

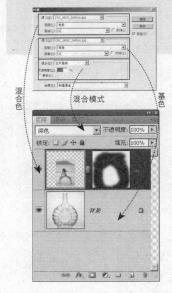

提示

和图层混合模式一样，计算也有混合色和基色，得到的结果为结果色。

混合色　　混合模式　　基色

提示

计算和图层混合模式得到的结果都称为结果色，但是这两种方式得到的结果是不一样的，图层混合直接得到文档显示效果；而计算则得到的是通道或者选区，这个通道和选区并不能直接对文档中的图像产生作用，图像不会发生任何变化。

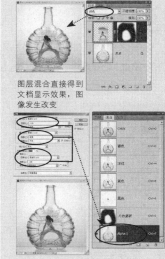

图层混合直接得到文档显示效果，图像发生改变

而计算则得到的是通道，图像没有发生任何变化

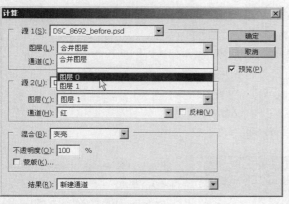

图8-112

　　"通道"下拉列表框中可以选择图像不同的通道，当前显示的通道名称与图像的颜色模式有关，勾选【反相】复选框将当前选择的图像做反相效果，如图8-113所示。

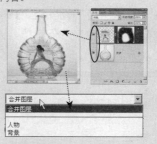

图8-113

　　在"混合"下拉列表框中可以选择"源1"和"源2"的混合方式，其混合作用原理与图层混合模式一样，如图8-114所示。

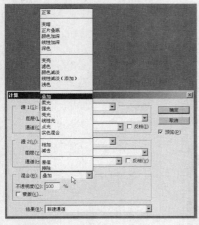

图8-114

🔥 提示

　　"图层"下拉列表框中的"合并图层"选项是指图像文档当前显示的内容。

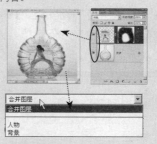

文档显示为图层眼睛全部开启的叠加内容，"合并图层"就是此时文档显示的内容

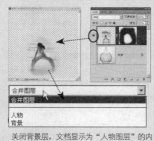

关闭背景层，文档显示为"人物图层"的内容，"合并图层"就是此时文档显示内容

🔥 提示

　　"灰色"通道选项与将彩色图像直接转换成灰度图的图像一致；当文档中包含选区、蒙版，就会出现"选区"、"蒙版"选项；当文档中包含普通图层，那么下拉菜单中就会出现"透明"选项，图层上图像越透明表示通道越黑，将【计算】命令如图设置就可以观察透明度与颜色的关系。

混合区中的不透明度只控制"源 1"图层和通道的透明程度。例如，"源 1"和"源 2"如图设置，将"不透明度"设置为"20%"，可以看到"源 1"选择图层的通道透明度很低，呈现半透明状，隐约显示"源 2"内容，如图 8-115 所示。将"不透明度"设置为"100%"时，可以看到"源 1"为不透明，将"源 2"完全遮挡。无论将"不透明度"设置为多少，可以看到"源 2"的内容都没有改变，如图 8-116 所示。

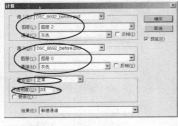 

图8-115

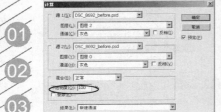 

图8-116

在混合区中还有一个【蒙版】复选框，勾选该复选框，出现"蒙版"选项，在"图层"、"通道"下拉列表框中选择某个图层的某个通道作为"源 1"的蒙版。例如，"源 1"和"源 2"如图设置，"蒙版"的"图层"选择"图层2"，"通道"选择"透明"，表示将"图层 2"的"透明"通道作为蒙版来控制混合区域，如图 8-117 所示。

提示

在混合区中的混合模式选项中当选择"相加"和"减去"模式，在"不透明度"旁出现"补偿值"和"缩放"。

"补偿值"的取值范围为–255～＋255之间的整数，"缩放"的取值范围为1.000～2.000。

相加的公式：

（源2＋源1）/缩放＋补偿值＝结果

从公式可以得知，当补偿值越大，结果色越亮，反之越暗；缩放值越大，结果色越暗。

减去的公式：

（源2－源1）/缩放－补偿值＝结果

从公式可以得知，当补偿值越大，结果色越暗，反之越亮；缩放值越大，结果色越暗。

根据蒙版知识得知，白色表示显示，因此"源 1"的内容完全显示将"源 2"遮挡

灰色表示半，黑色表示完全遮挡，因此隐藏，因此"源 1"对"源 1"内容"源 2"半藏，完全显示遮挡"源 2"内容

"图层2"此处为不透明表示为白色

"图层2"此处为半透明表示为灰色

"图层2"此处为透明表示为黑色

图8-117

独立实践任务（2课时）

任务二　设计制作期刊配图

任务背景和任务要求

《环球体育》月刊作为一本彩色期刊，每期都需要一定量的配图，对本刊的一张配图，客户要求将图片与电脑融合。

任务分析

利用通道抠选婚纱，使用【钢笔工具】抠选其他部位，然后都拼合到背景中。

任务素材

任务素材参见光盘素材"模块8\任务二"。

任务参考效果图

任务三　建立书封的合格文件

任务背景和任务要求

某出版社要为《旅游风向标》这本彩色图书设计书封，书的成品尺寸为210mm×210mm，内文共有128页，要求使用128g铜版纸彩色印刷，封面页使用200g铜版纸彩色印刷。因为要放上作者的简介，书封面和封底需要设置勒口。

在Photoshop中建立一个合格的印刷尺寸，要求包含书脊、书封、出血和勒口尺寸，分辨率设置正确，颜色模式设置正确，并设置好参考线。

任务分析

使用【新建】命令，在对话框中设置好分辨率和颜色模式，将书脊、书封、出血和勒口尺寸相加计算正确，输入到对话框中。最后在文档上设置好参考线。

任务参考效果图

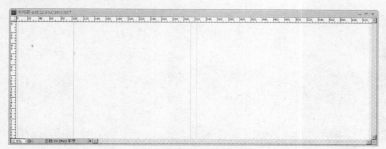

任务四　设计制作《旅游风向标》封面

➡ 任务背景和任务要求

在任务三的基础上，为《旅游风向标》这本彩色图书设计封面，在Photoshop中建立一个合格的印刷尺寸，将提供的图片素材拼合到背景中。

➡ 任务分析

利用通道抠选透明玻璃瓶和浪花，使用【钢笔工具】抠选海豚，然后都拼合到背景中。

➡ 任务素材

任务素材参见光盘素材"模块8\任务四"。

➡ 任务参考效果图

任务五　为《旅游风向标》封面设计烫银版

➡ 任务背景和任务要求

现在《旅游风向标》这本彩色图书封面背景图已经设计完成，需要添加书名和出版社Logo，书名和出版社Logo需要做烫银工艺，因此需要为书名和Logo设置烫银版。

➡ 任务分析

将Logo和书名这些需要做烫银版的图像抠选出来，然后设置为专色通道。

➡ 任务素材

任务素材参见光盘素材"模块8\任务五"。

➡ 任务参考效果图

09 模块

设计制作海洋公园宣传折页
——滤镜工具的使用（1）

任务参考效果图

乘坐浪漫的游船畅游海洋风光畅游大
自然，享受海风习习，看浪花翻滚，翱翔的
海鸥在头顶掠过，观礁石风采，观清澈的大海
亦可看见晶莹的水母，自在的海鱼。

国家天然海洋公园

能力目标

1. 能使用【抽出】滤镜抠选图像

2. 能使用【液化】滤镜拼合图像

专业知识目标

1. 了解折页的尺寸设置

2. 了解折线的设置

3. 了解UV版的制作

软件知识目标

1. 掌握常用的滤镜种类

2. 掌握滤镜工具的使用

课时安排

4课时（讲课2课时，实践2课时）

模拟制作任务（2课时）

任务一　海洋公园宣传折页的设计与制作

➲ 任务背景

国家天然海洋公园推出了一个名为"奇幻之旅"的新活动，以便让游客体验一场真正的娱乐盛宴。为了宣传这一新活动，现计划设计制作一款折页，发放给入园游玩的游客及各个高等院校的学生。

➲ 任务要求

为了体现奇幻这一特色，要求整体设计要富有奇异色彩，能带给游客一种视觉冲击，并可以引发其好奇心。对公园的Logo要求采用局部UV工艺。

国家天然海洋公园提供了电子图像素材及公园的Logo。

折页尺寸：170mm×135mm

➲ 任务分析

要求采用局部UV❶工艺，因此在设计完成后，还要制作一个UV版。折页成品尺寸❷为170mm×135mm，因为要留出血位，因此折页的尺寸要设置成176mm×141mm。

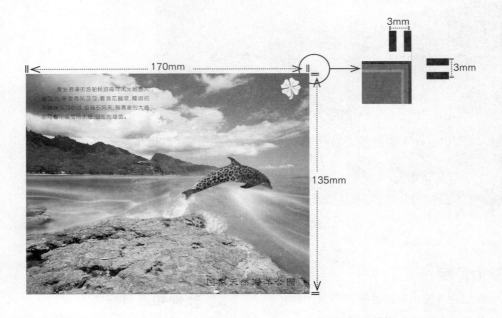

➲ 图像设计分析

要体现奇异这一中心理念，设计师决定将豹子和海豚的图像进行融合，制作一只拥有豹纹皮肤的海豚。

本案例的难点

如何制作UV版

乘坐浪漫的游船畅游海洋风光畅游大海风采,享受海风习习,看浪花翻浪,翱翔的海鸥花头划浪过,览礁石风采,观清澈的大海亦可看见晶宝的水母,自在的海鱼。

如何使浪花与岩石融合自然

国家天然海洋公园

如何使海豚与豹纹融合自然

制作豹纹海豚

1 打开素材"模块9\任务一\bao"和"模块9\任务一\haitun",如图9-1所示。

图9-1

2 将"haitun"文档的"背景"图层拖曳到【创建新图层】按钮上,复制一个"背景"图层,选择工具箱中的【魔棒工具】,在"bao"文档图像中的白色区域单击鼠标左键,按【Ctrl+Shift+I】键将选区反选,使用【移动工具】将抠选出来的豹子图像拖曳到素材"haitun"文档中,如图9-2所示。

图9-2

3 在【图层】调板上设置图层混合模式为"叠加",如图9-3所示。

图9-3

4 使用工具箱中的【多边形套索工具】将图像上大于海豚的图像抠选出来,然后按【Delete】键删除选区的图像,如豹的腿部,如图9-4所示。

图9-4

5 执行【滤镜】❸>【液化】❹命令,打开【液化】对话框,勾选"视图选项"选项组中的【显示背景】复选框,如图9-5所示。

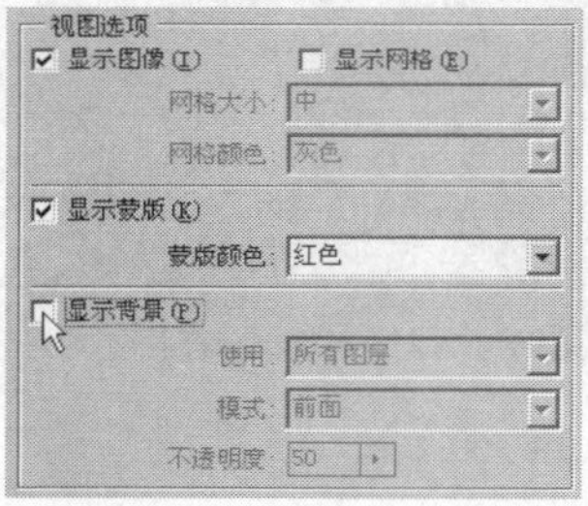

图9-5

6 按【Ctrl++】键将图像放大,将鼠标指针移至视图窗内按住空格键,同时按住鼠标左键不放并拖曳至图像的头部出现在视图窗口中,如图9-6所示。

图9-6

7 选择【液化】对话框中左侧工具箱中的【向前变形工具】，在右侧设置"画笔大小"为"150"，如图9-7（a）所示。在图像的眼睛正上方按住鼠标左键并向下拖曳至豹纹与海豚的轮廓重合，松开鼠标，如图9-7（b）所示。

图9-7（a）

图9-7（b）

8 将鼠标指针向右移，在豹纹凸出来的位置按住鼠标左键不放并向下拖曳至豹纹与海豚轮廓重合，如图9-8所示。

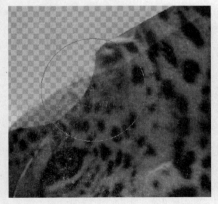

图9-8

9 设置"主直径"为"34px"，继续将豹纹的形状向海豚的边缘贴合，如图9-9所示。

图9-9

10 继续将豹纹的边缘与海豚边缘贴合，如图9-10所示。

图9-10

11 将海豚的鳍部放大会发现纹路不是很好看，可以选择【膨胀工具】，将过于紧密的纹路膨胀，如图9-11所示。

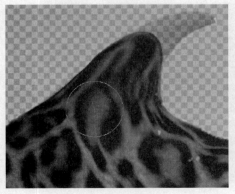

图9-11

12 选择【向前变形工具】，调节"画笔大小"为"17"，将超过海豚鳍部的豹纹缩回到鳍部边缘，如图9-12所示。

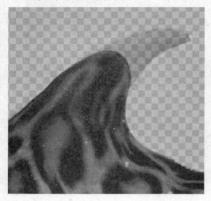

图9-12

13 按以上方法继续将豹纹贴到海豚边缘，直到完全贴合完毕，如图9-13所示。

图9-13

14 可以发现海豚的侧鳍在贴合豹纹后显得十分不明显，可使用【缩放工具】将侧鳍部位放大，然后使用【褶皱工具】将鳍的后侧豹纹和根部进行褶皱处理，使其出现自然的线条，如图9-14所示。

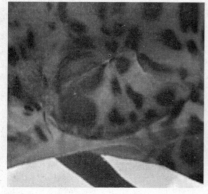

图9-14

15 全部调节完成后单击【确定】按钮确认操作，如图9-15所示。

图9-15

16 至此豹纹贴合完毕，但是可以明显地看到现在的海豚显得很不真实。为此，在"图层1"上添加一个蒙版，如图9-16所示。

图9-16

17 选择工具箱中的【画笔工具】在图像上右击，弹出画笔笔刷设置面板，设置画笔"主直径"为"45px"，"硬度"为"0%"，"不透明度"为"100%"，使【图层】调板中的蒙版缩览图处于选中状态，确认"前景色"为"黑色"，在海豚的嘴尖处反复涂抹，使豹纹隐藏，如图9-17所示。

图9-17

18 设置画笔的"不透明度"为"60%"，继续涂抹，反复不断调节画笔的不透明度，在嘴部进行涂抹，直到嘴部的豹纹纹路显得自然，如图9-18所示。

图9-18

19 按以上方法处理海豚的上鳍部位和尾部，效果如图9-19所示。

图9-19

融合背景

20 同时选中"背景 副本"和"图层1"两个图层，按【Ctrl+E】键合并图层，执行【滤镜】>【抽出】❺命令，弹出【抽出】对话框，设置"画笔大小"为"5"，在海豚嘴部边缘上按住鼠标左键不放，拖曳鼠标直至将海豚的轮廓勾勒出来，如图9-20所示。

图9-20

21 选择【抽出】对话框中左侧工具箱中的【填充工具】，在图像中绿色的线框内单击鼠标左键，对绿色轮廓进行填充，填充完毕后单击【确定】按钮确认操作，如图9-21所示。

图9-21

22 打开素材"模块9\任务一\beijing"，将具有豹纹的海豚图像拖曳到"beijing"文档中，如图9-22所示。

图9-22

Photoshop InDesign

23 按【Ctrl+T】键调出自由变换定界框，按住
【Shift】键将海豚缩小，逆时针微调变换框，将
海豚拖曳到白色水流的深处，按【Enter】键确
认变换，如图9-23所示。

图9-23

24 在【图层】调板中将有海豚图像的图层拖曳到下
方的【创建新图层】按钮上将海豚复制一个，并
拖曳到更远处，将其缩小并调节至要入水的角
度，如图9-24所示。

图9-24

25 打开素材"模块9\任务一\haitun 复件"，将"背
景"图层复制两个。选中"背景 副本2"图层，执
行【滤镜】>【抽出】命令，弹出【抽出】对话
框，选择【抽出】对话框左侧工具箱中的【缩放工
具】将图像中的水花部分放大，如图9-25所示。

图9-25

26 再选择【边缘高光器工具】，勾选"抽出"选项组中
的【强制前景】复选框，在最下方的水花处按住鼠标
左键不放进行涂抹，直到所有的水花都被高光器上
色，单击【确定】按钮确认操作，如图9-26所示。

图9-26

27 在"背景 副本"图层上单击鼠标左键，激活该图
层，执行【滤镜】>【抽出】命令，弹出【抽出】
对话框，勾选【强制前景】复选框，用鼠标左键单
击"颜色"色块，弹出【拾色器】对话框，选择
"黑色"，单击【确定】按钮确认操作，如图9-27
所示。

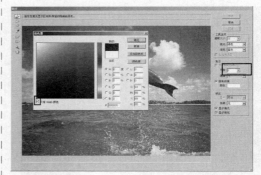

图9-27

28 使用【缩放工具】将水花部分放大，选择【边缘
高光器工具】，在最下方的水花处按住鼠标左键
不放并拖曳直到所有的水花都被高光器上色，单
击【确定】按钮确认操作，如图9-28所示。

图9-28

29 单击"背景"图层前的眼睛图标将图层隐藏，按住【Ctrl】键选中"背景 副本"和"背景 副本2"两个图层，选择工具箱中的【移动工具】将浪花拖曳到文档"beijing"中，如图9-29所示。

图9-29

30 按【Ctrl+E】键合并图层，按【Ctrl+T】键调出自由变换定界框，单击选项栏中的【在自由变化和变形模式之间切换】按钮，将浪花调节到和岩石角度相符，按【Enter】键确认变换，使用【橡皮擦工具】擦去不需要的浪花，如图9-30所示。

图9-30

31 使用同样方法抠选海豚下方的水花并将其拖曳到文档"beijing"中，调整其大小及角度，并使用【橡皮擦工具】擦去不需要的水花，如图9-31所示。

图9-31

32 双击背景图层，将其转换为普通图层。将图层全部选中，执行【编辑】>【变换】>【水平翻转】命令，将图像全部翻转，如图9-32所示。

图9-32

33 打开【信息】调板，从左侧的标尺拉出一根纵向的参考线，当【信息】调板上显示"X"为"8.80"时松开鼠标左键，如图9-33所示。

图9-33

制作UV专色版

34 打开素材"模块9\任务一\LOGO"，使用【钢笔工具】将图像抠选出来，确认选项栏中的【重叠路径区域除外】按钮处于激活状态，将图像里的黑色小区域抠选出来，如图9-34所示。

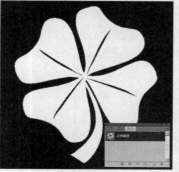

图9-34

35 使用工具箱中的【路径选择工具】将其路径拖曳到文档"beijing"中，按【Ctrl+T】键调出自由变换定界框，将路径调整至合适大小，按【Enter】键确认变换，将Logo图标放置到文档右上角合适位置，如图9-35所示。

图9-35

36 打开【路径】调板，在"路径1"上右击，在弹出的快捷菜单中选择【建立选区】命令，如图9-36所示。

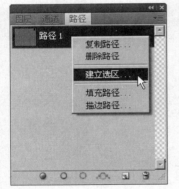

图9-36

37 在弹出的【建立选区】对话框中设置"羽化半径"为"0像素"，取消勾选【消除锯齿】复选框，如图9-37所示。

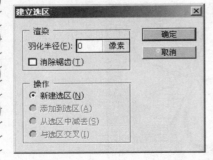

图9-37

38 单击【确定】按钮确认操作，选择工具箱的【设置前景色】工具，弹出拾色器对话框，选择一个白色，单击【确定】按钮确认选择，按【Alt+Delete】键对选区填充白色，如图9-38所示。

图9-38

39 打开【通道】调板，单击调板右上方的下三角按钮，在弹出的下拉菜单中选择【新建专色通道】命令，如图9-39所示。

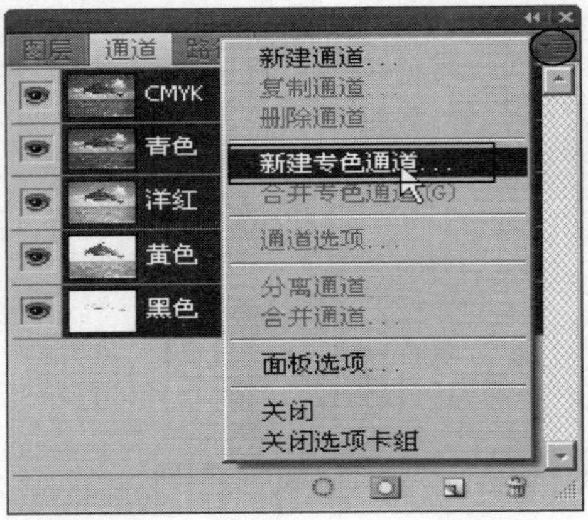

图9-39

40 在弹出的【新建专色通道】对话框中修改"名称"为"UV"，单击【确定】按钮确认操作，如图9-40所示。

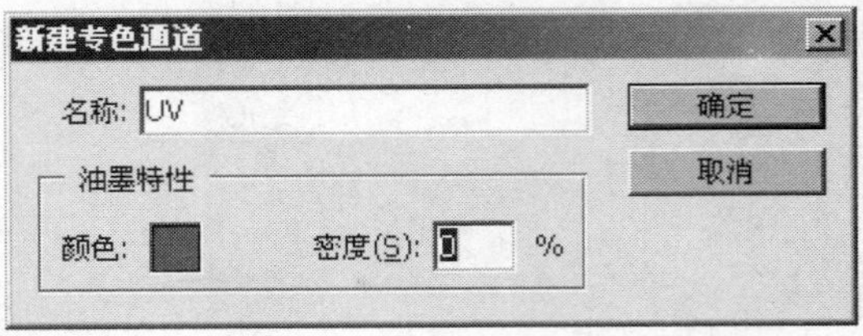

图9-40

41 在文档中合适位置输入文字即可，如图9-41所示。

乘坐浪漫的游船畅游海洋风光畅游大海风光,享受海风习习,看浪花翻滚,翱翔的海鸥在头顶掠过,览礁石风采,观清澈的大海亦可看见晶莹的水母,自在的海鱼。

国家天然海洋公园

图9-41

知识点拓展

❶ UV

在图像制作时，由于客户需要在印刷完成后对产品采用局部 UV，所以设计师在设计完成之后要在 Photoshop 中再单独制作一个 UV 通道。所谓 UV 通道，就是指一个专色的通道，每个专色通道都有一个属于自己的印版，当输出一个包含专色通道的图像时，该通道将被单独打印出来。

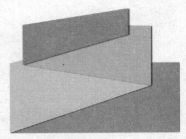

塔形

❷ 折页尺寸

折页没有固定的尺寸，但是尺寸应该是在不浪费纸张的基础上确定，就是折页展开后的大小正好是一个整开纸的尺寸，如 8 开、4 开、对开，而不应该是 X 开的 2/3 或 3/4 这样的尺寸，但可以是 1/2、1/3，因为这样一个整开纸上面可以拼 2 个或 3 个折页，也不会造成浪费。

折页分为很多种，最常见的就是对折页、三折页、四折页、五折页、六折页。但是也有很多异形折页，例如塔形、蝴蝶形、风琴形等。

蝴蝶形

❸ 滤镜

【滤镜】是初学者最感兴趣的命令组，使用【滤镜】编辑图像可以直接看到各种奇幻的效果，因此更能激发初学者的学习热情。

滤镜数量众多，单击菜单栏中的【滤镜】选项，展开菜单栏，可以看到所有的滤镜都分列其中。通常将滤镜分为"内置滤镜"和"外挂滤镜"。随 Photoshop 安装而出现在【滤镜】菜单中的称为内置滤镜；由第三方开发的滤镜可以以插件的形式安装到【滤镜】菜单下，称为外挂滤镜，外挂滤镜的某些特殊功能对 Photoshop 是一种有效补充。

滤镜的种类相当多，这里只针对一些常用的进行讲解。

在【滤镜】菜单栏下，滤镜被分成 3 组排列其中，第一组称为复合滤镜组，如图 9-42 所示，这些滤镜更像一些特定软件工具；第二组称为特定效果组，如图 9-43 所示，这组滤镜通过简单设置就可以实现某种效果；第三组称为外挂滤镜组，如图 9-44 所示，用户所装的第三方滤镜通常被放置在这里。

风琴形

☀ 知识

"CMYK模式"的图像很多滤镜显示为灰色，无法使用。

上次滤镜操作 (F)　　Ctrl+F

转换为智能滤镜

抽出 (X)...
滤镜库 (G)...
液化 (L)...
消失点 (V)...

风格化　▶
画笔描边　▶
模糊　▶
扭曲　▶
锐化　▶
视频　▶
素描　▶
纹理　▶
像素化　▶
渲染　▶
艺术效果　▶
杂色　▶
其它　▶

Digimarc　▶

浏览联机滤镜...

图9-42

上次滤镜操作 (F)　　Ctrl+F

转换为智能滤镜

抽出 (X)...
滤镜库 (G)...
液化 (L)...
消失点 (V)...

风格化　▶
画笔描边　▶
模糊　▶
扭曲　▶
锐化　▶
视频　▶
素描　▶
纹理　▶
像素化　▶
渲染　▶
艺术效果　▶
杂色　▶
其它　▶

Digimarc　▶

浏览联机滤镜...

图9-43

上次滤镜操作 (F)　　Ctrl+F

转换为智能滤镜

抽出 (X)...
滤镜库 (G)...
液化 (L)...
消失点 (V)...

风格化　▶
画笔描边　▶
模糊　▶
扭曲　▶
锐化　▶
视频　▶
素描　▶
纹理　▶
像素化　▶
渲染　▶
艺术效果　▶
杂色　▶
其它　▶

Digimarc　▶

浏览联机滤镜...

图9-44

☀ **知识**

复合滤镜组的各滤镜界面如下图所示。

抽出　　　　　　　　　　　　　滤镜库

液化　　　　　　　　　　　　　消失点

☞ **提示**

特定效果组：此组滤镜大多数是通过简单的参数设置进行滤镜效果处理的。

命令效果展示：

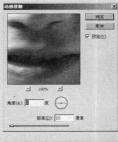 

 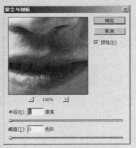

❹ 液化

打开素材"模块 9\ 知识点拓展 \biaoqingtexie3_180",
执行【滤镜】>【液化】命令,弹出【液化】对话框,如图 9-45
所示。

对话框中左边是工具栏,中间是图像操作区,右边是选
项设置区,如图 9-45 所示。

图9-45

选择工具栏中的【向前变形工具】,将鼠标移动到图像
操作区,在需要修改的地方按住鼠标左键并拖曳,可以看到
图像发生推挤变形,如图 9-46 所示。

使用【重建工具】在变形的地方反复涂抹,可以将图像
还原,如图 9-47 所示。

图9-46　　　　　图9-47

使用【顺时针旋转扭曲工具】可以使得图像发生旋转扭
曲变形。将【顺时针旋转扭曲工具】鼠标移动到需要变形的
地方如头发处,按住鼠标左键不放,可以看到鼠标处的图像
像素在顺时针旋转,如图 9-48 所示;按住【Alt】键,将【顺
时针旋转扭曲工具】鼠标移动到其他需要变形的头发处,可
以看到图像像素在逆时针旋转,如图 9-49 所示。

☀ 知识

在操作中可以按住【[】或【]】键
控制笔触大小。

♂ 提示

【顺时针旋转扭曲工具】可以对
图像局部进行旋转变形,按住
【Alt】键可以在顺时针和逆时针
之间切换。

图9-48

图9-49

选择【左推工具】，在嘴巴处按住鼠标左键不放并向右拖曳，图像像素被向上平推变形，如图9-50所示。

图9-50

☀ **知识**

使用【左推工具】，像素移动取决于鼠标移动方向。

鼠标向右拖曳，像素上移；鼠标向左拖曳，像素下移；鼠标向上拖曳，像素左移；鼠标向下拖曳，像素右移，如图 9-51 所示。

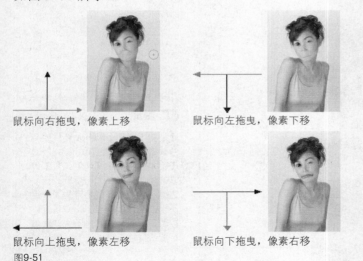

鼠标向右拖曳，像素上移　　　鼠标向左拖曳，像素下移

鼠标向上拖曳，像素左移　　　鼠标向下拖曳，像素右移

图9-51

【镜像工具】作用原理与【左推工具】相似，其像素移动也取决于鼠标移动的方向，当拖曳鼠标，与拖曳方向垂直的像素将被映射出来形成镜像，如图 9-52 所示。

Photoshop InDesign

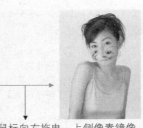

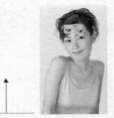

鼠标向右拖曳，上侧像素镜像　　　　鼠标向左拖曳，下侧像素镜像

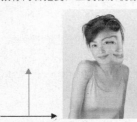

鼠标向上拖曳，左侧像素镜像　　　　鼠标向下拖曳，右侧像素镜像

图9-52

❺ 抽出

　　打开素材"模块9\知识点拓展\mao3_044"，如图9-53所示。执行【滤镜】>【抽出】命令，如图9-54所示。

图9-53　　　　　　　　　图9-54

　　在弹出的【抽出】对话框左侧的工具栏中选择【边缘高光器工具】，在预览区中，沿着小猫身体边缘细心涂抹，最终形成一个闭合的涂抹区，此时被涂抹的地方显示为绿色，如图9-55所示。

图9-55

　　选择【填充工具】，在小猫身上按下鼠标左键，填充上蓝色，单击【确定】按钮，如图9-56所示。

提示

【抽出】是Photoshop提供给用户的一款抠选图像的命令，相对于【钢笔工具】和【套索工具】等，它的功能更加强大，对于一些复杂边缘（如毛发）的抠选也有不错的表现，但是【抽出】命令可控性比较差，对于颜色区别不大的区域，不能很好地抠选。

图9-56

文档中小猫被抠选出来，并且原图的背景被删除，如图 9-57 所示。

图9-57

效果比较：比较一下"画笔大小"分别为"44"和"200"的抠选效果，如图 9-58 所示。

图9-58

在【抽出】对话框的右侧还分列着一些工具和设置选项。

在"工具选项"组中有用于设置"画笔大小"以及设置"高光"和"填充"的下拉列表框，如图 9-59 所示。

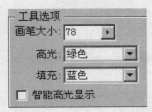

图9-59

如果图像的前景或背景包含大量纹理，勾选【带纹理的图像】复选框可以更好地抠选图像；如果抠选的图像边缘比较硬，可以适当设置平滑参数，根据平滑参数的大小，软件

提示

【抽出】的基本操作分为两步。

第一步：使用【边缘高光器工具】在抠选区域的边缘做上标记（提示：在进行涂抹时，可以按住【[】或【]】键来控制笔触大小，笔触越小最终的抠选效果越好）。

第二步：使用【填充工具】在抠选区域填充上色，被填充上色的地方表示为被保护区域。比较一下不同保护区域的抠选效果（如果图像中有多个抠选区域，可以分别填充上色）。

Photoshop InDesign

自动模糊边缘；如果图像文档中带着"Alpha"通道，可以在"抽出"选项组中的"通道"下拉列表框中选择，勾选【强制前景】复选框可以只针对图像中某种颜色进行抠选，也可以跟【吸管工具】组合使用，如图9-60所示。

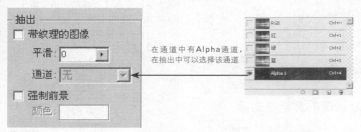

图9-60

取消勾选"预览"选项组中的"显示高光"复选框，用【边缘高光器工具】涂抹的边缘将被隐藏。取消勾选"显示填充"复选框，用【填充工具】填充的区域将被隐藏，如图9-61所示。

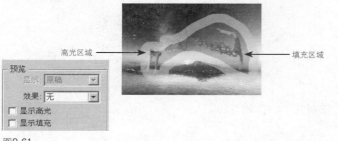

图9-61

❻ 补充知识点

消失点

　　Photoshop 工具箱中的图章工具和修复工具是最常用的修补工具，但是对于一些透视平面上的修补不能很好胜任，使用【消失点】命令可以很好完成透视平面上的修补工作。

消失点的操作

　　打开素材"模块9\知识点拓展\shineizhuangxiu3-181"，执行【滤镜】>【消失点】命令，弹出【消失点】对话框，如图9-62所示。

图9-62

提示

【消失点】命令只有对"RGB颜色"模式的图像才能应用，而对于"CMYK颜色"模式的图像是不能执行的。当图像为"CMYK颜色"模式时，消失点是灰显的。

默认情况下，【消失点】对话框中的【创建平面工具】呈选中状态。在预览图像中单击以定义角节点，如图9-63所示。

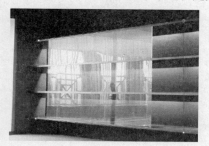

图9-63

使用【创建平面工具】并在按住【Ctrl】键的同时拖动边缘节点，可以拉出其他平面，如图9-64所示。

图9-64

选择【消失点】对话框左侧的【选框工具】，可以在创建的平面内创建选区，如图9-65所示。

图9-65

单击窗口上方【修复】选项的下三角按钮，打开下拉菜单，选择"开"选项，选区内的图像会自动计算选区内图像和外部图像的渐变，如图9-66所示。

修复=关

修复=开

修复=明亮度

图9-66

另外，【变换工具】可以对复制后的图像进行修改；【图章工具】与工具箱中的【仿制图章工具】用法相同，调节"直径"、"硬度"可以修改仿制的像素的范围以及边缘羽化效果。

独立实践任务（2课时）

任务二　设计制作节约用水宣传折页

➜ 任务背景和任务要求

北京市城市节约用水办公室为了倡导广大市民节约用水特设计制作折页。

成品尺寸：210mm×285mm

➜ 任务分析

使用【钢笔工具】抠选水龙头的金属部分，使用【抽出】命令抠选水，使用蒙版融合水龙头与写字楼，使用【抽出】命令抠选出橙子，使用【液化】命令将橙子制作成心形。由于制作的是折页，所以要考虑到出血，因此设计尺寸为426mm×291mm。

➜ 任务素材

任务素材参见光盘素材"模块9\任务二"。

➜ 任务参考效果图

10 模块

设计制作贝壳岛景区请柬

——滤镜工具的使用（2）

任务参考效果图

➡ **能力目标**

1. 能使用【模糊滤镜】制作雾效果

2. 能使用【扭曲】、【其他】滤镜制作烟
效果

➡ **专业知识目标**

1. 了解请柬的尺寸设置

2. 了解起凸版的制作

➡ **软件知识目标**

1. 进一步掌握常用的滤镜种类

2. 进一步掌握滤镜工具的使用

➡ **课时安排**

4课时（讲课2课时，实践2课时）

模拟制作任务（2课时）

任务一　贝壳岛景区请柬的设计与制作

➡ 任务背景

贝壳岛位于中国南方，拥有与大海相接的入海口，这里有很多海贝，贝壳岛也因此得名。

这里的风景犹如梦境，五彩缤纷，红橙黄绿蓝靛紫，在这里只有你想不到的颜色，没有你看不到的颜色……

为了庆祝贝壳岛旅游景区正式成立10周年，贝壳岛特设计制作对折式请柬❶邀请各地朋友来此旅游观光。

➡ 任务要求

为了体现贝壳岛的特色，要求整体设计要有动感，不能死气沉沉。在印刷完成后，要求在"请柬"上采用局部起凸工艺。

贝壳岛景区提供了电子图像素材。

请柬尺寸：245mm×245mm

➡ 任务分析

要求采用起凸❷工艺，因此在设计完成后，还要制作一个起凸版，成品尺寸为245mm×245mm，因为要留出出血位且请柬是对折式，因此请柬的尺寸设置为496mm×251mm。

251mm
（包含上下出血各3mm）

496mm
（包含左右出血各3mm）

➡ 图像设计分析

因为要体现贝壳岛的梦幻特色，设计师决定将所提供的素材进行修饰，制作一些水雾的效果，使图像动起来。

如何制作起凸版

如何制作水雾效果

如何制作烟效果

为封面图片制作水雾效果

1 打开素材"模块10\任务一\LV-HT",选择工具箱中的【矩形选框工具】在陆地与天空分界处向下绘制一个矩形,如图10-1所示。

图10-1

2 按【Ctrl+J】键新建一个图层,执行【滤镜】❸ ❾>【模糊】>【高斯模糊】命令,弹出【高斯模糊】对话框,设置"半径"为"6.0像素",如图10-2所示,单击【确定】按钮。

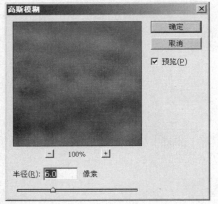

图10-2

3 在"背景"图层上双击将图层解锁,复制"图层0",新图层为"图层0 副本"图层,将其移动至【图层】调板最顶层,执行【滤镜】>【模糊】❸>【径向模糊】命令,弹出【径向模糊】对话框,设置"数量"为"100"、"模糊方法"为"缩放",将中心模糊预览区的中心点拖曳到右

上侧,单击【确定】按钮,如图10-3所示。

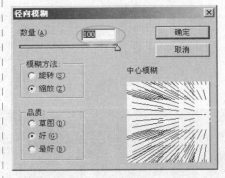

图10-3

4 调节图层的"不透明度"为"50%",如图10-4所示。

图10-4

5 保持"前景色"为"黑色",使用【矩形选框工具】在图层的陆地部分绘制一个矩形,单击【图层】调板下方的【添加图层蒙版】按钮,为"图层0 副本"添加一个图层蒙版,然后选择工具箱中的【画笔工具】在图像上的拖鞋部分反复涂刷,使拖鞋显露出来,如图10-5所示。

图10-5

6 新建一个图层，选择工具箱中的【画笔工具】，设置"前景色"为"白色"，调节画笔的"主直径"为"100px"、"硬度"为"0%"，沿着图像上路的方向在靠路右侧的位置绘制几条曲线，如图10-6所示。

图10-6

7 执行【滤镜】>【模糊】>【高斯模糊】命令，弹出【高斯模糊】对话框，设置"半径"为"30像素"，如图10-7所示。单击【确定】按钮确认操作。

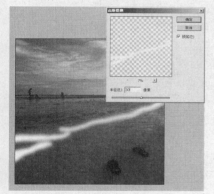

图10-7

8 执行【滤镜】>【其他】❹>【最大值】命令，弹出【最大值】对话框，设置"半径"为"30像素"，如图10-8所示。单击【确定】按钮确认操作。

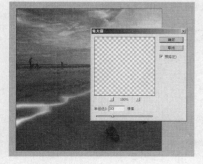

图10-8

9 执行【滤镜】>【扭曲】❺>【旋转扭曲】命令，弹出【旋转扭曲】对话框，设置"角度"为"-25度"，如图10-9所示。单击【确定】按钮确认操作。

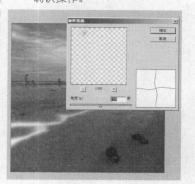

图10-9

10 设置图层的"不透明度"为"50%"，如图10-10所示。

图10-10

11 单击【创建新图层】按钮，新建一个图层。选择工具箱中的【画笔工具】，调节其"主直径"为"80px"，再绘制几条曲线，如图10-11所示。

图10-11

12 执行【滤镜】>【模糊】>【高斯模糊】命令，弹出【高斯模糊】对话框，设置"半径"为"35像素"，如图10-12所示。单击【确定】按钮确认操作。

图10-12

13 执行【滤镜】>【其他】>【最大值】命令，弹出【最大值】对话框，设置"半径"为"30像素"，如图10-13所示。单击【确定】按钮确认操作。

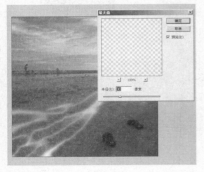

图10-13

14 执行【滤镜】>【扭曲】>【旋转扭曲】命令，弹出【旋转扭曲】对话框，设置"角度"为"-15度"，如图10-14所示。

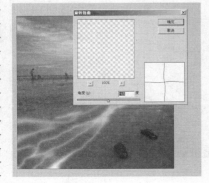

图10-14

15 单击【确定】按钮，然后调节"图层3"的"不透明度"为"50%"，如图10-15所示。

图10-15

16 按以上方法再分别绘制其他水雾线，使其最终都流向路的尽头，效果如图10-16所示。

图10-16

融合背景

17 单击【图层】调板中"图层0"的图层缩览图，执行【图像】>【画布大小】命令，弹出【画布大小】对话框，设置"宽度"为"496毫米"，"高度"为"251毫米"，"定位"为"右侧定位"，如图10-17所示。

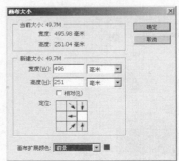

图10-17

18 打开素材"模块10\任务一\LV-HL",将其拖曳到"LV-HT"文档中并调整其至合适位置,如图10-18所示。

图10-18

19 单击【图层】调板下方的【创建新的填充或调整图层】按钮,为图层添加一个"色阶"图层,并创建剪贴蒙版,在色阶的直方图中,将"输出色阶"的白色块调节为"72",如图10-19所示。

图10-19

20 将"色阶"图层隐藏,选中海螺的图层,使用【钢笔工具】将图像中的海螺抠选出来,如图10-20所示。

图10-20

21 打开【路径】调板,按住【Ctrl】键,在"工作路径"上单击鼠标左键将其转换为选区,如图10-21(a)所示。返回【图层】调板,按【Ctrl+J】键新建一个图层,此时【图层】调板中会出现新建的"图层5",并将海螺所在图层移动至色阶图层上方,如图10-21(b)所示。

图10-21(a)

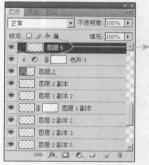

由于之前制作水雾时每个人的图层数可能不一样,因此【图层】调板中生成的不一定是"图层5"

图10-21(b)

22 按【Ctrl+T】键调出自由变换定界框,调节海螺的角度为倾斜,并放置到文档的下方边缘,如图10-22所示。

图10-22

23 单击"色阶 1"前的眼睛图标以显示该图层，并将其创建剪贴蒙版，使用【钢笔工具】绘制一个阴影放置于倾斜海螺下方，填充为黑色并调节其"不透明度"为"70%"，如图10-23所示。

图10-23

24 新建一个图层，选择工具箱中的【画笔工具】，设置"主直径"为"40px"、"硬度"为"0%"、"前景色"为"白色"，在图像中绘制一个海豚的轮廓，如图10-24所示。

图10-24

25 在海豚的身上沿着高光的走向绘制几条曲线，使海豚显得更有立体感，如图10-25所示。

图10-25

26 执行【滤镜】>【模糊】>【高斯模糊】命令，弹出【高斯模糊】对话框，设置"半径"为"25.0像素"，如图10-26所示。单击【确定】按钮确认操作。

图10-26

27 执行【滤镜】>【其他】>【最大值】命令，弹出【最大值】对话框，设置"半径"为"20像素"，如图10-27所示。单击【确定】按钮确认操作。

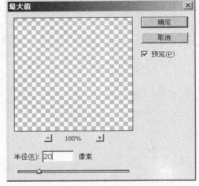

图10-27

28 将鼠标指针移至【图层】调板的图层缩览图上，按住鼠标左键不放拖曳至【创建新图层】按钮上，复制一个图层，如图10-28所示。

图10-28

29 新建一个图层，在海豚的头部、鳍部和尾部再绘制几条白色线条，如图10-29所示。

图10-29

30 执行【滤镜】>【模糊】>【高斯模糊】命令，弹出【高斯模糊】对话框，设置"半径"为"20.0像素"，如图10-30所示。单击【确定】按钮确认操作。

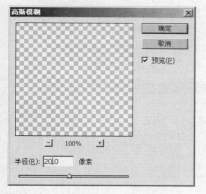

图10-30

31 执行【滤镜】>【其他】>【最大值】命令，弹出【最大值】对话框，设置"半径"为"10像素"，如图10-31所示。单击【确定】按钮确认操作。

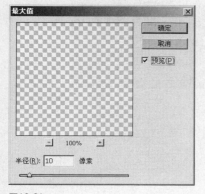

图10-31

32 新建一个图层，选择工具箱中的【画笔工具】，在海豚与海螺中间部分绘制一些白色线条，如图10-32所示。

图10-32

33 按以上方法将图像进行高斯模糊及最大值处理，效果如图10-33所示。

图10-33

请柬文字的处理

34 在右侧图像中新建3个图层，分别输入文字"言"、"青"、"柬"，并将其合理安排在图像的右上侧，组成"请柬"的样式，在左侧图像右下角键入一些介绍性文字，如图10-34所示。

图10-34

35 分别选中"言"、"青"、"束"的文字图层，在图层栏上右击，在弹出的快捷菜单中选择【栅格化文字】命令，按【Ctrl+E】键合并图层，然后按住【Ctrl】键在"束"层的图层缩览图上单击鼠标左键创建选区，如图10-35所示。

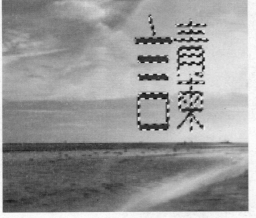

图10-35

36 打开【路径】调板，单击调板下方的【从选区生成工作路径】按钮，在"工作路径"上双击，将路径储存，如图10-36所示。

图10-36

37 返回【图层】调板，选中所有图层，将所有图层合并为一个，如图10-37所示。

图10-37

38 打开【路径】调板，按住【Ctrl】键，在"路径1"上单击鼠标左键，将路径转换为选区，如图10-38所示。

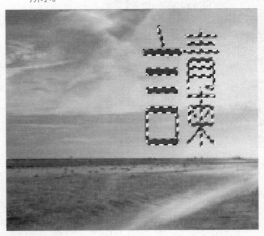

图10-38

39 打开【通道】调板，单击调板右上方的三角按钮，在下拉菜单中选择"新建专色通道"选项，在弹出的【新建专色通道】对话框中将"名称"改为"起凸"，如图10-39所示。

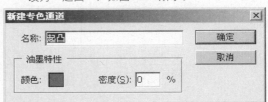

图10-39

40 单击【确定】按钮确认操作，此时在【通道】调板中就增加了一个专色通道"起凸"，如图10-40所示。

图10-40

41 原本蓝色的"请柬"文字上被覆盖了一层红色，如图10-41所示。

图10-41

42 按【Ctrl+S】键保存文档，此时便完成了整张请柬的制作，效果如图10-42所示。

图10-42

知识点拓展

❶ 对折式请柬

1. 请柬的用途

请柬是用来邀请亲朋好友或者工作伙伴亦或是同行共同参加某个活动或者庆典的卡片。

请柬的种类有很多，除了最常见的对折式，还有三折、蝴蝶折等，如图 10-43 所示。

图 10-43

2. 请柬的尺寸

请柬没有固定的尺寸，但是尺寸应该是在不浪费纸张的基础上确定，即折页展开后的大小正好是一个整开纸的尺寸，如 8 开、4 开、对开，而不应该是 X 开的 2/3 或 3/4 这样的尺寸，但可以是 1/2、1/3，因为这样一个整开纸上面可以拼 2 个或 3 个折页，也不会造成浪费。

请柬有时也会采用异形设计，如边缘不是直线而是曲线形式等。

❷ 起凸

起凸是指在承印物表面通过物理压印的方式使其表面有凸起的印迹。

起凸在设计时也同样要通过专色通道实现。

❸ 【模糊】滤镜组

在 Photoshop 中，【模糊】滤镜和【锐化】滤镜是最常用到的滤镜。

1.【高斯模糊】滤镜

模糊滤镜组中最常用的是【高斯模糊】滤镜，执行【滤镜】>【模糊】>【高斯模糊】命令，弹出【高斯模糊】对话框，通过设置"半径"参数或者拖曳滑块来设置图像的模糊程度，单击预览图像下面的"减"、"加"按钮 ⊟、⊞ 可以调整预览图的显示区域，如图 10-44 所示。

请柬简图

韩国服饰发布会请柬

婚礼请柬

企业开业典礼请柬

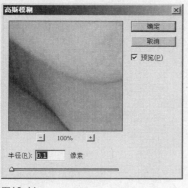

图10-44

模糊半径＝10像素

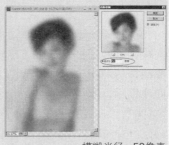

模糊半径＝50像素

打开素材"模块10\知识点拓展\模糊试纸"，可以看到该图像黑白分明，中间没有过渡色，也就是说它是"清晰"的图像，如图10-45所示。执行【滤镜】>【模糊】>【高斯模糊】命令，弹出【高斯模糊】对话框，拖曳"半径"的滑块，可以看到黑白之间的区域出现过渡色，并且随着数值的增加黑白颜色之间的过渡色也随之增加，最终融合为灰色，如图10-46所示。

图10-45

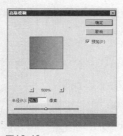

图10-46

提示

【模糊】滤镜通过在像素之间添加过渡色来减小像素之间的反差，从而实现图像的模糊效果。

【高斯模糊】滤镜常用于为照片创造景深来突出拍摄主体。打开素材"模块10\知识点拓展\IMG_0335"，使用【磁性套索工具】抠选主体人物，按【Ctrl+Shift+I】键反选选区，执行【滤镜】>【模糊】>【高斯模糊】命令，弹出【高斯模糊】对话框，设置"半径"为"15像素"，如图10-47所示，单击【确定】按钮。

图10-47

按【Ctrl+D】键取消选区，图像背景变模糊，主体对象更加突出，如图10-48所示。

Photoshop InDesign

图10-48

2.【径向模糊】滤镜

【径向模糊】滤镜是模拟移动或旋转的相机所产生的模糊，产生的是一种柔化的模糊。

执行【滤镜】>【模糊】>【径向模糊】>命令，弹出【径向模糊】对话框，选中【旋转】单选按钮，则沿同心圆环线模糊，然后指定旋转的数量；选中"缩放"单选按钮，沿径向线模糊，然后指定1~100之间的一个数量。模糊的品质有"草图"、"好"和"最好"。"草图"产生最快但为粒状的效果，"好"和"最好"都可以产生比较平滑的效果。通过拖曳"中心模糊"框中的图案，指定模糊的原点。

3.【动感模糊】滤镜

【动感模糊】滤镜是模拟相机拍摄移动物体产生的移动模糊效果。打开素材"模块10\知识点拓展\zhongjian3_175"，执行【滤镜】>【模糊】>【动感模糊】命令，弹出【动感模糊】对话框，"角度"设置为"0度"，"距离"设置为"200像素"，单击【确定】按钮，背景产生运动模糊效果，如图10-49所示。

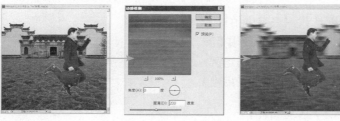

图10-49

4.【特殊模糊】滤镜

【特殊模糊】滤镜也叫【智能模糊】滤镜，它可以精确地模糊图像。

在【特殊模糊】对话框中可指定半径，确定滤镜搜索要模糊的不同像素的距离；可以指定阈值，确定像素值的差别达到何种程度时对应将其消除；还可以指定品质；也可以为整个选区设置模式。在对比度显著的地方，"仅限边缘"应用黑白混合的边缘，而"叠加边缘"应用白色的边缘。

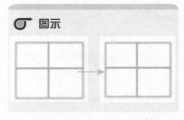

图示

提示

通过拖曳"中心模糊"框中的图案，指定模糊的原点生成旋转效果。

选中"缩放"单选按钮后，调节"数量"的取值来调节缩放的数量。拖曳"中心模糊"框中的图案，指定模糊的原点生成缩放效果。

知识

【动感模糊】滤镜中，"角度"用于设置运动模糊方向，取值范围为"-360"到360"之间；距离用于设置模糊的强度，取值范围为1~999。

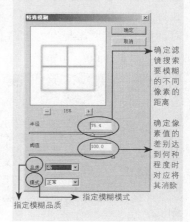

确定滤镜搜索要模糊的不同像素的距离

确定像素值的差别达到何种程度时对应将其消除

指定模糊品质　　指定模糊模式

❹【其他】滤镜组

1.【最大值】滤镜

【最大值】滤镜对于修改蒙版或通道非常有用。

对于蒙版来讲，【最大值】滤镜具有可以展开蒙版的白色区域、阻塞黑色区域的功能。其原理是用周围像素的最大亮度值替换当前像素的亮度值。

2.【高反差保留】滤镜

【高反差保留】滤镜的作用与【高斯模糊】滤镜相反，它会移去图像中反差不强烈的细节。

在使用【高反差保留】滤镜后，Photoshop 会用灰色代替原来的反差不强烈的细节，这对于从扫描的图像中获取线条和大面积的黑白区域非常有用。

❺【扭曲】滤镜组

【扭曲】滤镜组可以产生各种各样的扭曲效果。制造扭曲效果有时并不仅仅是为了好玩，而是一些自然现象的需要，例如模块 09 任务二所做的水流入湖时湖面是要产生波纹的，这就可以使用扭曲滤镜组中的【水波】滤镜来实现。

1.【旋转扭曲】滤镜

【旋转扭曲】滤镜通过围绕选区中心进行扭曲，形成旋转涡形，图 10-50 所示是设置"角度"为"547 度"时的效果。

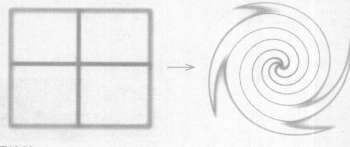

图10-50

2.【玻璃】滤镜

通过【玻璃】滤镜处理的图像仿佛是透过不同玻璃看到的图像。

3.【波浪】滤镜

【波浪】滤镜与【波纹】滤镜是两个比较相似的滤镜，它们都可以产生波纹效果。不同的是,【波浪】滤镜比【波纹】滤镜有更多的控制选项。

4.【极坐标】滤镜

【极坐标】滤镜简单来说就是可以把方的物体变成圆的，它除了可以处理图像还可以处理图形，对绘图也有很大帮助。

高反差保留图示

原图

高反差保留

常见扭曲效果展示图

玻璃

波浪

极坐标

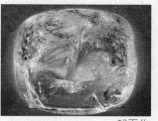

球面化

5.【球面化】滤镜

【球面化】滤镜可以将选区扭曲成球形，使图像具有立体效果。

6.【水波】滤镜

【水波】滤镜同样是可以产生波纹效果的滤镜。特别是水波，可以选择性地产生水池波纹、围绕中心或是从中心向外三种效果的波纹效果。

水波

❻【风格化】滤镜组

【风格化】滤镜组通过置换像素和查找并增加图像对比度，最终生成绘画效果。

1.【风】滤镜

打开素材"模块10\知识点拓展\qiuchang3_009"，执行【滤镜】>【风格化】>【风】命令，弹出【风】对话框，单击【确定】按钮，图中出现风的效果，如图10-51所示。

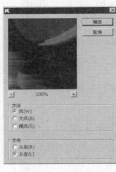

图10-51

2.【查找边缘】滤镜

【查找边缘】滤镜用相对于白色背景的黑色线条勾勒图像边缘，常被用来制作线描图。

3.【照亮边缘】滤镜

与【查找边缘】滤镜效果相似，【照亮边缘】滤镜可以标识颜色的边缘并添加霓虹灯效果。

4.【等高线】滤镜

【等高线】滤镜也是用于勾勒图像轮廓的，它使用封闭的曲线把图像中色阶值相同的区域勾勒出来。

❼【锐化】滤镜组

【锐化】滤镜组中最常用的是【USM锐化】滤镜。打开素材"模块10\知识点拓展\biaoqingtexie3_146"，执行【滤镜】>【锐化】>【USM锐化】命令,在弹出的对话框中将"数量"设置为"160","半径"设置为"5","阈值"设置为"2"。可以看到图像变清晰，如图10-52所示。

> ☀ 知识
>
> 【风】滤镜通过创建细小的水平线条来模拟风的效果，"方法"有3种："风"、"大风"和"飓风"。

常见扭曲效果展示图

查找边缘　　　　照亮边缘

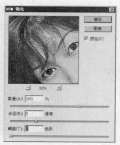

图10-52

【锐化】滤镜与【进一步锐化】滤镜相比，两者都可以提高图像的清晰度，但【进一步锐化】滤镜有更强的锐化效果。

❽【渲染】滤镜组

1.【云彩】滤镜和【分层云彩】滤镜

【云彩】滤镜根据工具箱中的前景色与背景色颜色，随机生成柔和的云彩图案，如图10-53所示。

【分层云彩】滤镜使用前景色与背景色颜色生成随机云彩图案，并与图像中的原有像素相混合。此滤镜将云彩数据和原有的像素混合，其方式与"差值"模式混合颜色的方式相似，效果如图10-54所示。

图10-53

图10-54

2.【镜头光晕】滤镜

【镜头光晕】滤镜是模拟亮光照射到相机镜头所产生的折射。

通过【镜头光晕】命令可以产生很美丽的光晕，在【镜头光晕】对话框中可以自主调节光晕的中心位置。

❾【杂色】滤镜组

【杂色】滤镜组用于添加或移去图像中的杂色或带有随机分布色阶的像素，这有助于将像素混合到周围的像素中，还可以创建与众不同的纹理或移去图像中有问题的区域，如脏痕。

【添加杂色】滤镜多用于创建纹理，如图10-55所示。

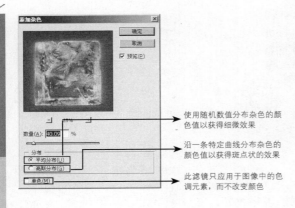

添加杂色效果展示图

平均分布

高斯分布

单色

使用随机数值分布杂色的颜色值以获得细微效果

沿一条特定曲线分布杂色的颜色值以获得斑点状的效果

此滤镜只应用于图像中的色调元素，而不改变颜色

图10-55

【去斑】滤镜与【蒙尘与划痕】滤镜同属图像修补工具。

所谓去斑，就是通过检测图像的边缘并模糊除那些边缘外的所有选区。此种模糊可以在尽可能保留细节的同时移去反差较大的杂色斑点。

【蒙尘与划痕】滤镜用于搜索图像或所选择部分的缺陷，然后将其混合在周围图像中。

独立实践任务（2课时）

任务二　设计制作国际冰雕节请柬

任务背景和任务要求

为某市成功申办国际冰雕节设计制作请柬，邀请各地冰雕爱好者参与此次盛会。

成品尺寸：215mm×150mm

后加工要求：对"请柬"二字进行局部起凸

任务分析

使用【钢笔工具】抠选上方手的轮廓，使用滤镜中的【水彩】命令、【照亮边缘】命令及【铬黄】命令对抠选的手部进行一系列处理，调节图层的混合模式并运用一定的图层效果处理手部至其有冰雕的效果。制作请柬，要考虑到出血，因此设计尺寸为221mm×306mm。要对成品进行局部起凸，所以要制作专色蒙版。

任务素材

任务素材参见光盘素材"模块10\任务二"。

→ 任务参考效果图

請柬

第3届国际冰雕节
Third International Ice Carving Festival

11 模块

设计制作音乐节门票
——色彩调整应用基础

任务参考效果图

消夏音乐节
冰爽的感觉

门票 地点：滨江广场 时间：2009年9月12日

能力目标

1. 能够使用【色阶】命令调整图像的阶调
2. 能够利用中性灰原理纠正偏色
3. 能够使用【曲线】命令调整图像的色彩

专业知识目标

1. 了解门票的设计常识
2. 了解色彩的基础知识

软件知识目标

1. 掌握【色阶】命令的使用方法
2. 掌握【曲线】命令的使用方法
3. 掌握【色相/饱和度】命令的使用方法

课时安排

4课时（讲课2课时，实践2课时）

模拟制作任务（2课时）

任务一　音乐节门票的设计与制作

⮕ 任务背景

滨海文艺组委会将于9月举办一场消夏音乐节，现委托广告公司为本场消夏音乐节设计一张门票❶，门票为单面彩色印刷。

⮕ 任务要求

根据音乐节主题思想，设计师自行设计，要预留出副卷位置以供验票撕掉，颜色运用❷和图像处理要体现冰爽的感觉。成品尺寸要求为210mm×60mm。

⮕ 任务分析

建立一个包含出血尺寸的文档，在文档中设置参考线。然后抠选所需的图像，为体现冰爽宜人的感觉，决定在图像中合成出冰和水的效果。最后设置拢线位置。

本案例的难点

去色

使用色彩平衡调整颜色

换颜色

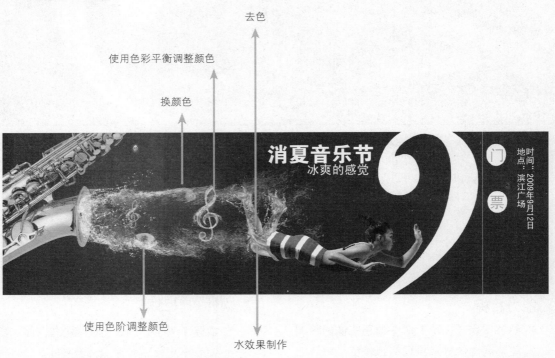

使用色阶调整颜色

水效果制作

建立文档和参考线

1️⃣ 执行【文件】>【新建】命令，在弹出的对话框中设置"宽度"、"高度"分别为"216毫米"和"66毫米"，"分辨率"为"350像素/英寸"，"颜色模式"❸为"RGB颜色"，单击【确定】按钮，如图11-1所示。

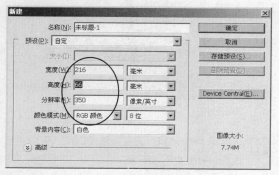

图11-1

2️⃣ 执行【视图】>【标尺】命令，在文档页面中设置3条垂直参考线，坐标位置为"3毫米"、"190毫米"、"213毫米"，然后设置两条水平参考线，坐标位置为"3毫米"、"63毫米"，如图11-2所示。

图11-2

处理背景图像

3️⃣ 选择工具箱中的【渐变工具】，单击渐变工具选项栏中的【径向渐变】按钮，然后单击【点按可编辑渐变】按钮，如图11-3所示。

图11-3

4️⃣ 在弹出的【渐变编辑器】对话框中双击左下侧的"色标"滑块，如图11-4所示。

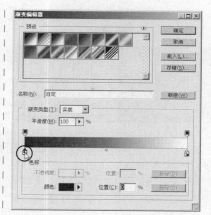

图11-4

5️⃣ 在弹出的【选择色标颜色】对话框中选择一个淡蓝色，单击【确定】按钮，如图11-5所示。

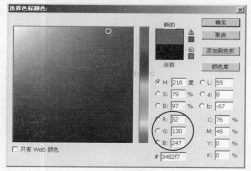

图11-5

6️⃣ 用同样的方法将右下侧"色标"滑块设置为一个深蓝色，单击【确定】按钮，如图11-6所示。

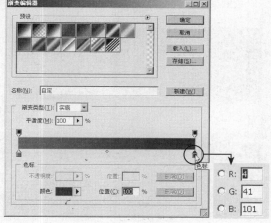

图11-6

7 在【图层】调板中建立一个新图层，并命名为"渐变背景"，然后将鼠标指针移动到页面的左侧位置，按住鼠标左键并向右下方拖曳，到合适位置时松开，如图11-7所示。

图11-7

8 打开素材"模块11\任务一\1101"，使用【钢笔工具】将乐器图像抠出，然后在【路径】调板中将路径转换成选区，再按【Ctrl+C】键复制图像，如图11-8所示。

图11-8

9 单击"未标题1"标题栏，切换到"未标题1"文档，按【Ctrl+V】键粘贴，如图11-9（a）所示，然后按【Ctrl+T】键，调出自由变换定界框，将图像缩小并旋转合适之后按【Enter】键，如图11-9（b）所示，将图层名称修改为"乐器"。

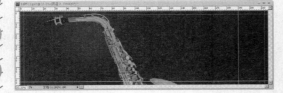

图11-9（a）

图11-9（b）

10 打开素材"模块11\任务一\1102"，使用【钢笔工具】将人物抠出，并将路径转换成选区，然后按【Ctrl+C】键复制抠选的图像，如图11-10所示。

图11-10

11 切换回"未标题1"文档，按【Ctrl+V】键将抠选的人物图像粘贴到文档中，然后按【Ctrl+T】键，调出自由变换定界框，将图像缩小到合适尺寸，按【Enter】键，如图11-11所示，然后将图层名称修改为"人物"。

图11-11

12 使用【套索工具】全选图中人物右侧完整的腿部，按【Ctrl+J】键将选区内容复制到新图层中，【图层】调板中出现"人物副本"图层，如图11-12所示。

图11-12

13 使用【移动工具】将刚才复制的腿部移动到左侧，按【Ctrl+T】键之后旋转缩放图像，使其与左侧腿部基本重合，如图11-13所示，按【Enter】键确认操作。

图11-13

14 使用【仿制图章工具】修补腿部接缝处，使其融合得更加自然，如图11-14所示。

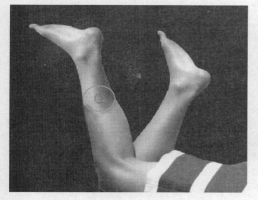

图11-14

15 在【图层】调板中选中"人物"、"人物副本"图层，单击【图层】调板右上角的下三角按钮，在展开的菜单中选择【合并图层】命令，如图11-15所示。

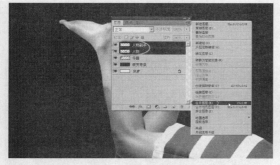

图11-15

16 使用【多边形套索工具】沿着人物裙边抠选出腿部，执行【图像】>【调整】❹>【去色】命令，如图11-16所示。

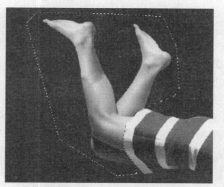

图11-16

17 执行【滤镜】>【艺术效果】>【塑料包装】命令，在弹出的对话框中将"高光强度"、"细节"、"平滑度"分别设置为"14"、"10"、"12"，单击【确定】按钮，如图11-17所示。

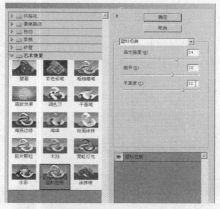

图11-17

18 执行【图像】>【调整】❹>【曲线】❻命令，在弹出的【曲线】对话框中"工作区"的对角斜线上依次单击3下鼠标左键，建立3个控制点，然后将3个控制点向上拖曳到合适位置，然后将最右侧的控制点向下拖曳，单击【确定】按钮，如图11-18所示。

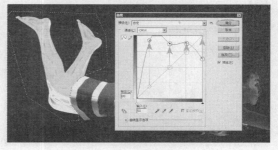

图11-18

19 按【Ctrl+D】键取消选区，在【图层】调板中单击【添加图层蒙版】按钮，确认工具箱中的"前景色"为"黑色"，选择工具箱中的【画笔工具】，在选项栏中将"不透明度"设置为"45%"，在腿部的中间区域按住鼠标左键轻轻涂抹，腿部中间部分被隐藏，外轮廓依然显示在图像中，如图11-19所示。

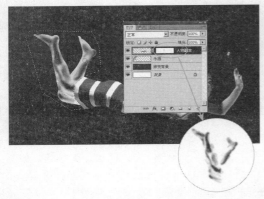

图11-19

20 打开素材"模块11\任务一\1104"，将文档中的图像使用【移动工具】拖曳到"未标题1"文档中，并将该图层名称修改为"水花1"，然后将图像调整到腿部位置，如图11-20所示。

图11-20

21 按【Ctrl+J】键复制一个新图层，然后使用【移动工具】将新图层中的图像拖曳到合适位置，如图11-21所示。

图11-21

22 打开素材"模块11\任务一\1105"，将文档中的图像使用【移动工具】拖曳到"未标题1"文档中，然后将图像调整到腿部位置，将图层名称修改为"水花2"，如图11-22所示。

图11-22

23 按【Ctrl+J】键复制一个新图层，然后使用【移动工具】将图像拖曳到合适位置，如图11-23所示。

图11-23

设计音符

24 打开素材"模块11\任务一\1103"，使用【钢笔工具】将音符抠出，并将路径转换成选区，按【Ctrl+C】键复制图像，然后切换到"未标题1"文档，按【Ctrl+V】键将图像粘贴到文档中，如图11-24所示，然后将图层名称修改为"音符"。

图11-24

25 执行【图像】>【调整】>【色相/饱和度】❽命令，在弹出的对话框中将"饱和度"滑块拖曳到最左侧，单击【确定】按钮，如图11-25所示。

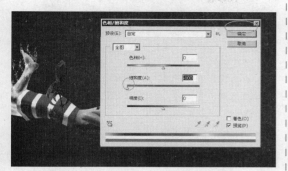

图11-25

26 使用【移动工具】将图像拖曳到人物左侧，按【Ctrl+M】键，弹出【曲线】❻对话框，在曲线上设置5个控制点，并调整它们的位置，单击【确定】按钮，如图11-26所示。

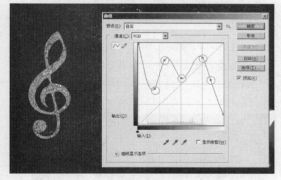

图11-26

27 执行【图像】>【调整】>【色彩平衡】❼命令，在弹出的对话框中将"青色/红色"滑块拖曳到"-73"的位置，"洋红/绿色"、"黄色/蓝色"分别设置为"-51"、"+80"，如图11-27所示。

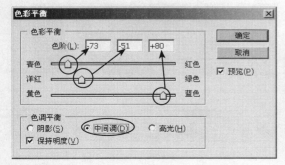

图11-27

28 选中"色调平衡"选项组中的【高光】单选按钮，将"青色/红色"、"洋红/绿色"、"黄色/蓝色"分别设置为"-24"、"+1"、"+59"，单击【确定】按钮，如图11-28所示。

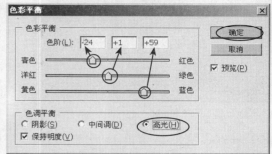

图11-28

29 单击【图层】调板中的【添加图层蒙版】按钮，使用【画笔工具】在蒙版上来回涂抹，将音符中间部分隐藏，外轮廓依然显示在图像中，如图11-29所示。

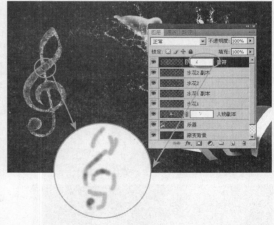

图11-29

30 在【图层】调板中的"水花1"图层栏处单击鼠标左键，按【Ctrl+J】键得到"水花1副本2"，使用【移动工具】将该图层的图像拖曳到音符上，如图11-30所示。

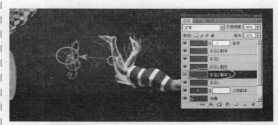

图11-30

31 按【Ctrl+T】键，调出自由变换定界框，拖曳控制点，旋转缩小图像，按【Enter】键确认操作，如图11-31所示。

图11-31

32 按住【Ctrl】键，在【图层】调板中的"音符"图层栏上单击鼠标左键，选中"水花1副本2"和"音符"图层，如图11-32所示。

图11-32

33 按【Ctrl+E】键合并这两个图层，然后按【Ctrl+J】键复制一个图层，按【Ctrl+T】键，调出自由变换定界框，然后调整定界框的控制点，将图像缩小并拖曳到合适位置，按【Enter】键确认操作，如图11-33所示。

图11-33

34 打开素材"模块11\任务一\1108"，如图11-34（a）所示，使用【移动工具】将图像拖曳到"未标题1"文档中，并调整到合适位置，如图11-34（b）所示，将图层名称修改为"音标"。

图11-34（a）

图11-34（b）

35 打开素材"模块11\任务一\1106"，使用【移动工具】将图像拖曳到"未标题1"文档中，并调整到合适位置，如图11-35所示，将图层名称修改为"水花3"。

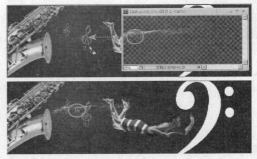

图11-35

36 按【Ctrl+J】键，执行【编辑】>【变换】>【垂直翻转】命令，按【Ctrl+T】键，调出自由变换定界框，将图像角度调整合适后按【Enter】键，如图11-36所示。

图11-36

37 打开素材"模块11\任务一\1107"，使用【移动工具】将图像拖曳到"未标题1"文档中，并调整图像到合适位置，如图11-37所示，将图层名称修改为"水花4"。

图11-37

38 打开素材"模块11\任务一\1109"，使用【钢笔工具】将"鱼"图像抠选出来，然后复制粘贴到"未标题1"文档中，按【Ctrl+T】键，调出自由变换定界框，调整图像大小、角度和位置，按【Enter】键确认操作,如图11-38所示,将图层名称修改为"鱼"。

图11-38

39 执行【图像】>【调整】>【色阶】❺命令,弹出【色阶】对话框,在"输入色阶"选项组中"直方图"下方的黑色滑块上按住鼠标左键,向右拖曳到"39"位置时松开鼠标,如图11-39所示。

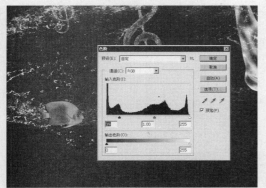

图11-39

40 在"输入色阶"选项组中"直方图"下方的白色滑块上按住鼠标左键,向左拖曳到"230"位置时松开鼠标,单击【确定】按钮,如图11-40所示。

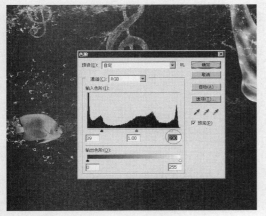

图11-40

41 在【图层】调板中的"鱼"图层上按住鼠标左键不放,将其拖曳到"水花3"图层下方后松开鼠标,如图11-41所示。

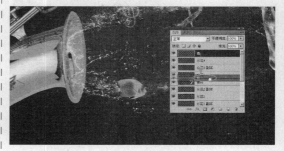

图11-41

42 按【Ctrl+J】键,然后将图像移动到页面上方,执行【图像】>【调整】>【色相/饱和度】❽命令,在弹出的对话框中将"色相"滑块拖曳到"-30"的位置,单击【确定】按钮,如图11-42所示。

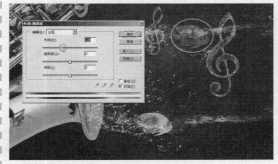

图11-42

43 执行【图像】>【模式】>【CMYK颜色】❸命令,如图11-43所示。

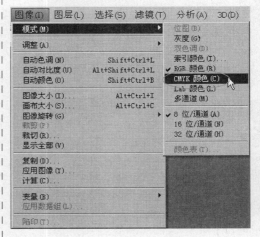

图11-43

44 在弹出的对话框中单击【不拼合】按钮，如图11-44所示。

图11-44

添加文字

45 选择工具箱中的【横排文字工具】，在页面中输入文字，并设置文字的字体、字号和颜色，并移动到相应位置，如图11-45所示。

大黑/24/白色   黑体/14/白色

黑体/14/M60Y90   黑体/10/白色

图11-45

设置拢线

46 在【图层】调板中单击【创建新图层】按钮，选择工具箱中的【铅笔工具】，按【F5】键调出【画笔】调板，在调板左侧的设置栏中单击"画笔笔尖形状"选项，然后在右侧将"直径"设置为"3px"，"间距"设置为"200%"，如图11-46所示。

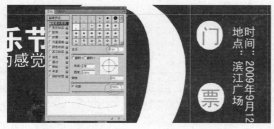

图11-46

47 按住【Shift】键，沿着坐标为"190毫米"的垂直参考线位置，绘制出一条贯穿页面的白色垂直直线，如图11-47所示。

图11-47

知识点拓展

❶ 门票设计

最常见的门票如音乐会门票、体育比赛门票、公园门票都分为两部分：正券和副券，在入场时验票员将副券撕下，表示此票已经使用过。为了便于撕下，门票的正券和副券之间在印刷时，要使用专门刀具打上锯齿线，这个线称为拢线。

拢线的颜色、位置和粗细由设计师设置，在设计时，设计师应该注意将重要的内容避开拢线❶，拢线最好设置成虚线，如图 11-48 所示。

ⓐ 请参阅案例包中的未避开拢线的实例样品。

副券

正券　　　　　　　　拢线

图11-48

❷ 颜色常识

1．什么是颜色

颜色形成必须具备三要素，即光源、物体、观察者。

（1）光源

颜色视觉过程的第一个要素就是光。光源向外发散传播光子，可以将光子想象成一个有规则振动的能量包，能量越高的光子振动频率越高，振动距离越短，也就是波长越短；反之则越长。波长以纳米为计量单位（nm）。

高能量＝短波长

低能量＝长波长

当光源能传播全部能级的波长，这个全部能级范围就称为光谱。光谱中只有很少部分能量级别的光子能对人眼产生刺激，人们称之为可见光谱，也叫光。不同波长的光子引起的视觉反应不一样，即不同波长的光引起的颜色感觉不同（如700nm 左右波长的光子感觉为红色），如图 11-49 所示。

☀ 知识：颜色三要素

光源

物体

观察者

红外线（CIR）　　红 橙 黄　　　绿　青　蓝　　　紫　　紫外线(UV)

图11-49

因此光源是指能在可见光谱内发出大量光子的物体。除了非常鲜艳的绿色和红色激光外，很少能看到只有相同波长的光子产生的光，也就是光通常都是由不同波长的光子组成。纯白的光包含了可见光谱中相等数量的所有波长的光子。

（2）物体

当光子向空间传播的过程中到达某个物体的表面时，将以某种形式进入物体表面的原子中，然后重新出来。当光与物体表面原子相互作用时，物体吸收了一些波长的光，并反射了其余波长的光。因此物体颜色的产生是由于其吸收和反射光的缘故。

（3）观察者

观察者是 3 个要素里最为复杂的一个。当光子被物体反射后到达观察者的眼睛，进而到达视网膜，于是形成了颜色。

人眼中的视网膜上有两类感光细胞（这些神经细胞也称为感受器）。一种称为杆体细胞，提供弱光环境下的视觉，在强烈太阳光下不起作用；另一种称为锥体细胞，它在明亮环境下发挥作用。锥体细胞又分为 3 种类型，一种只对长波长的光有反应，一种对中波长的光有反应，还有一种只对短波长的光有反应。锥体细胞的这 3 种类型也分别称为感红锥体细胞、感绿锥体细胞和感蓝锥体细胞。

2. 加色三原色和减色三原色

正是由于人眼这种三色（RGB）感受器的特性，产生了三色学说，三色学说的重要性体现在仅仅使用适当的 3 种基本色光相加就能模拟出几乎任何颜色，也就是 RGB 的色光加色法，RGB 也称为色光三原色。两种原色（RGB 的任意两种）是无法复制出所有的颜色；而 4 种颜色则没有必要。

加色三原色对应的就是减色三原色——青品黄（CMY），它们的主要作用是减去来自白光光源的某些波长。人们发现当印刷时用定量的青品黄油墨混合，可以按比例吸收三原色波长的光，如青色吸收红光反射蓝绿光，黄色吸收蓝光反射红绿光，品色吸收绿光反射红蓝光，人们也将这种 CMY 吸收 RGB 的对应关系叫做互补色（也叫相反色）的关系。理论上当青品黄到达最大值时，能将所有的光全部吸收，物体呈现黑色，但是由于油墨的纯度和成本因素，在 CMY 的油墨中又加上了黑色油墨（K），就是印刷中最常见的称谓——CMYK。彩色印刷中不可能为每种颜色对应一种油墨，一张图片可能有成千上万种颜色，使用成千上万种油墨来印刷，成本是无法承受的，实际生产中只使用 CMYK 4 种油墨就可以混合出大多数的颜色。

❸ 颜色模式

在 Photoshop 中的【图像】>【模式】级联菜单中有多种颜色模式可以选择，通常人们根据图片的最终用途来设置颜色模式。例如，需要在其他电子设备（数码相机等）上显示图片，可以选择 RGB 颜色模式；图片用于印刷，则选择 CMYK 颜色模式；用于网络传播，可以选择 RGB 颜色或者索引颜色模式，如图 11-50 所示。

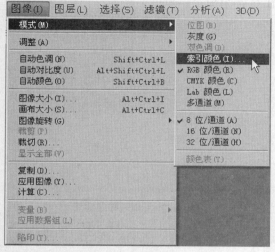

图11-50

1. RGB 颜色模式

RGB 颜色模式是最常用的颜色模式，R 表示红色，G 表示绿色，B 表示蓝色。Photoshop 绝大多数的命令都能在 RGB 模式下运行，因此在 RGB 模式下进行图像处理是最佳选择。例如，滤镜中的所有命令都能编辑 RGB 模式的图像，如图 11-51 所示。

标题栏中显示了该图像的颜色模式

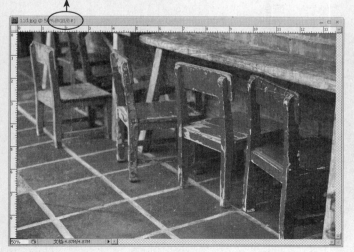

图11-51

☀ **知识**

(1) RGB模式

由于只需要3种RGB色光就可以混合出几乎所有的颜色。于是人们所生产的显示器只需要能发出3种色光，并且控制这三色光的强度，就可以看到各种颜色的变化了。使用RGB加色原理的设备称为RGB设备，如显示器、扫描仪等，由于计算机不像人脑，能够直接感觉颜色，它只能读懂数字，于是人们建立了一个数学模型来数字化颜色，以编码的形式来表述不同数量的RGB色光。RGB的数字并不真的是表示颜色感觉，它只是表示着色剂的数量，如显示器当RGB的数值大时将光强度调高，当数值小时光强度变小。

(2) RGB赋值方式

计算机用数字将颜色进行编码的方式很简单。颜色值由几个通道的数据组成，每一个通道又被拆分为不同阶调等级。RGB模型的通道为3个，分别是R通道、G通道和B通道，阶调被分为256个等级。研究表明，对于大多数人来说，能够产生平滑过渡的阶调等级数量大概需要200级左右，那么256是怎么来的呢？

是用来留出余量的。这是因为颜色数据在复制过程中不可避免会出现损失，留出一点余量可以避免因阶调损失出现的条杠。

2. CMYK 颜色模式

用于印刷的图片需要将其颜色模式设置为 CMYK，CMYK 分别表示青、品（洋红）、黄、黑，印刷品通过青（C）、洋红（M）、黄（Y）3 种颜色的油墨混合形成丰富多彩的颜色。因此将青（C）、洋红（M）、黄（Y）称为色料三原色。青（C）、洋红（M）、黄（Y）3 色叠加可形成黑色，而在实际应用中无法达到纯黑，所以在印刷上会添加黑色（K）。由青（C）、洋红（M）、黄（Y）、黑（K）构成的颜色模式叫做 CMYK模式，如图 11-52 所示。

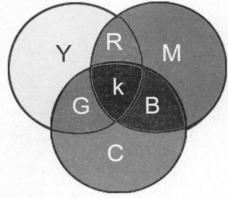

图11-52

3. 灰度模式

灰度图像只有图像的明暗信息，没有图像的彩色信息，灰度模式的图像既能用于电子设备的显示(如网页中使用灰度图)，也能用于印刷。灰度图拥有丰富细腻的阶调变化，在处理灰度图时，要避免层次的合并，尽可能减少亮度信息的损失。通常可以将 RGB 或 CMYK 的图像转换为灰度图。当图片需要做单色印刷时可以将图片设置为灰度模式，如图 11-53 所示。

图11-53

4. 其他模式

RGB 颜色模式、CMYK 颜色模式、灰度模式是最常用的颜色模式，除了这 3 种模式之外，还有 Lab 颜色模式、索引颜色模式、位图模式、双色调模式等。

Lab 颜色模式是 CIE 组织确定的一个理论上包括了人眼可以看见的所有色彩的色彩模式。因为 Lab 描述的是颜色的显示方式，而不是设备（如显示器、桌面打印机或数码相机）生成颜色所需的特定色料的数量，所以 Lab 被视为与设备无关的颜色模式。Lab 颜色模式的亮度分量（L）范围是 0 ～ 100。在 Adobe 拾色器和【颜色】调板中，a 分量（绿色 - 红色轴）和 b 分量（蓝色 - 黄色轴）的范围是 -128 ～ +127。

索引颜色模式可生成最多 256 种颜色的 8 位图像文件。当转换为索引颜色时，Photoshop 将构建一个颜色查找表（CLUT），用以存放并索引图像中的颜色。如果原图像中的某种颜色没有出现在该表中，则程序将选取最接近的一种，或使用仿色以现有颜色来模拟该颜色。索引颜色模式的图像体积较小，常用于网络显示。

位图模式的图像只有黑白两个颜色，位图的每个像素只能用一位二进制数来表达 1 和 0，即有和无，不存在中间调部分。利用这种特性，有一些单一色调的图片（如企业的 Logo）可以设置为黑白模式。

双色调模式也需要将图像转换为灰度模式后才能使用，打开一幅灰度图，执行【图像】>【模式】>【双色调】命令，即可弹出【双色调选项】对话框。在"类型"下拉列表框中，可以选择"单色调"、"双色调"、"三色调"、"四色调" 4 种类型，如图 11-54 所示。

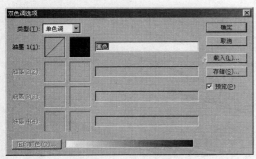

图11-54

双色调图是用特定的油墨模拟四色印刷中几种油墨叠印的效果。这种方法可以获得四色印刷中很难得到的图像效果。印刷中常用的专色，往往是由几种油墨混合调配而成，由于墨量、黏稠度等特性参数很难控制，偶然性较大，标准很难掌握，我们设定制作双色调图需要根据油墨公司提供的标准，客户指定使用的油墨，印刷时，在特定的色板

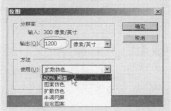

上使用相应的油墨。

❹ 色彩调整命令

色彩调整是 Photoshop 最重要的一个组成部分，Photoshop 提供了多个颜色调整命令用于色彩调整，设计师要善于分析图像并合理使用这些命令来完成调图工作。

执行【图像】>【调整】命令，弹出的下拉菜单中包含了 Photoshop 中最常用的色彩调整工具，这些调整命令被三条横线分隔成 4 块，第 1 组工具以色彩平衡的原理来改变图像的色彩和色调，也称为平衡校色组。第 2 组工具用来替换图像的色彩，也称为替换颜色组。第 3 组工具用来制作一些特殊的效果，也称为特殊效果组。第 4 组只有一个命令，它综合了多个色彩调整命令，只不过做了一个简化，也称为综合组，如图 11-55 所示。

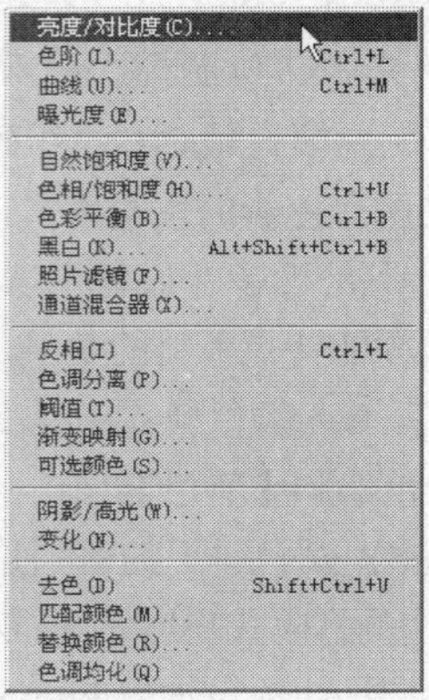

图11-55

❺【色阶】命令

【色阶】命令是 Photoshop 最重要的色彩调节命令之一，它通过"直方图"直观地反映了颜色的分布情况，设计师可以根据直方图对图像的颜色偏差进行判断并调整。

1. 认识色阶对话框

打开素材"模块 11\ 知识点拓展 \11a"，如图 11-56 所示。执行【图像】>【调整】>【色阶】命令，弹出【色阶】对话框，通过拖曳"输入色阶"的滑块和"输出色阶"的滑块来调整图像的影调和色调，如图 11-57 所示。

图11-56

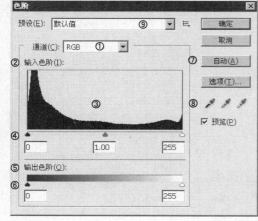

图11-57

① "通道"下拉列表框，用来选择需要调节的颜色通道。既可以以 RGB 的复合通道进行调整，也可以单独对某一通道进行调整。

② "输入色阶"用于设置当前通道的暗调、中间调和亮调，与方框下方的3个滑块相对应。

③方框中的"直方图"图像表示当前通道的色阶分布。

④3个滑块与其下面的3个文本框一样，用于设置当前通道的暗调、中间调和亮调。

⑤ "输出色阶"用于改变图像的黑场值和白场值。

⑥黑色滑块右移，图像的暗调变浅，图像发灰；白色滑块左移，亮调变暗，图像变灰暗。

⑦【自动】用于Photoshop自动分析阶调的分布，自动调整图像的阶调组成。

⑧黑色吸管用于定义黑场，灰色吸管用于定义中性灰，白色吸管定义白场。

⑨ "预设"下拉列表框，用于选择Photoshop事先调节好的参数设置。

2．认识直方图

在【色阶】对话框的中间部分是"直方图"信息，它是调整图像的重要依据。执行【窗口】>【直方图】命令，打开【直方图】调板，【直方图】调板中的直方图与【色阶】对话框中的直方图是一样的。【直方图】用图形表示图像的每个亮度级别的像素数量，展示像素在图像中的分布情况。【直方图】的左边部分表示图像暗调部分（也称为黑场）的像素分布情况，【直方图】的中间部分表示图像中间调部分的像素分布情况，【直方图】的右边部分表示图像亮调部分（也称为白场）的像素分布情况，如图11-58所示。

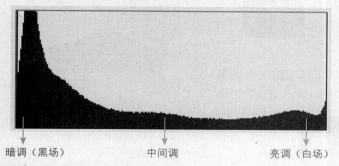

暗调（黑场）　　　　　中间调　　　　　亮调（白场）

图11-58

3．使用【色阶】命令调整图像影调

打开素材"模块11\ 知识点拓展 \11b"，执行【图像】>【调整】>【色阶】命令，弹出【色阶】对话框，在"输入色阶"的黑色滑块上按住鼠标左键不放并向右拖曳，当滑块下方数值为"40"时松开鼠标，单击【确定】按钮，图像变暗，如图11-59所示。

图11-59

在"输入色阶"的白色滑块上按住鼠标左键不放并向左拖曳，当滑块下方数值为"100"时松开鼠标，单击【确定】按钮，图像变亮，如图11-60所示。

图11-60

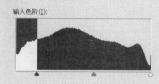
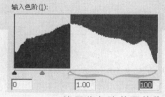

在"输入色阶"的灰色滑块上按住鼠标左键不放并向左拖曳，图像变亮；向右拖曳，图像变暗，如图 11-61 所示。

图11-61

在"输出色阶"的黑色滑块上按住鼠标左键向右拖曳，图像变亮；将白色滑块向左拖曳，图像变暗，如图 11-62 所示。

图11-62

4．使用【色阶】命令调整图像色彩

在【色阶】对话框中的"通道"下拉列表框中选择"红"通道，将"输入色阶"的黑色滑块向右拖曳，图像变成青色；将白色滑块向左拖曳，图像颜色变成红色，如图 11-63 所示。

图11-63

提示

当将灰色滑块向左拖曳时，可以看到灰色和白色两滑块之间像素增多，灰色和黑色滑块之间像素减少，因此图像变亮。

输入色阶(I)：

向右拖曳，则作用相反，图像变暗。

输入色阶(I)：

提示

当将"输出色阶"的黑色滑块向右拖曳，表示将图像最黑的像素设置在右侧这个阶调上，因此图像变亮。

输出色阶(O)：

原图最黑像素　　修改后最黑像素

将"输出色阶"的白色滑块向左拖曳，表示将图像最亮的像素设置在左侧这个阶调上，因此图像变暗。

输出色阶(O)：

修改后最亮像素　　原图最亮像素

提示

在"红"通道下，将"输出色阶"的黑色滑块向右拖曳，"红"通道变暗即图像红色减少，因此图像变青。将"输出色阶"的白色滑块向左拖曳，"红"通道变亮即图像红色增多，因此图像呈现红色。

因此使用【色阶】命令，选择某一个通道，可以调整图像颜色。

Photoshop InDesign

01 02 03 04 05 06 07 08 09 10 **11** 12

❻【曲线】命令

相对于【色阶】命令来说，【曲线】命令提供了更多的控制点，可以精确调整图像上某类像素的颜色，使其成为最重要和使用频率最高的影调和色调调整工具。

1. 认识【曲线】对话框

打开素材"模块 11\ 知识点拓展 \11c"，执行【图像】>【调整】>【曲线】命令，弹出【曲线】对话框，如图 11-64 所示。

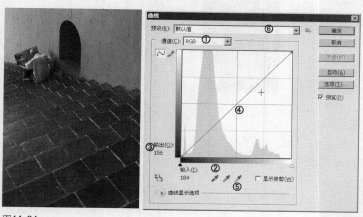

图11-64

① "通道"下拉列表框，用来选择需要调节的颜色通道。既可以以 RGB 的复合通道进行调整，也可以单独对某一通道进行调整。

② "输入"颜色值表示曲线调整前的颜色值。

③ "输出"颜色值表示曲线调整后的颜色值。

④ 在曲线上建立控制点可调整图像颜色。

⑤ 吸管图标。

⑥ 默认预设。

2. 使用【曲线】命令调整图像影调

（1）建立控制点

要使用【曲线】命令调整图像，首先要在曲线上建立控制点，默认情况下，曲线是一条 45°的对角直线，线段的两头各有一个控制点，分别表示图像最黑的像素和最亮的像素。在曲线上任意位置单击鼠标左键，可建立一个控制点，如图 11-65 所示。

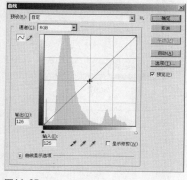

图11-65

（2）调整控制点

在曲线中通过拖曳控制点来调整图像的颜色，在刚才建立的控制点上按住鼠标左键不放，将控制点垂直向上拖曳到合适位置松开鼠标，图像变亮；将控制点垂直向下拖曳，图像变暗，如图 11-66 所示。

⚥ 提示：其他方法建立控制点

按住【Ctrl】键并在图像上单击鼠标左键，曲线上出现一个控制点，控制点所处的色阶即是该像素点的色阶。

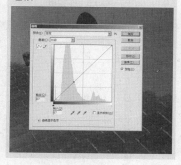

Photoshop InDesign

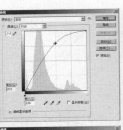

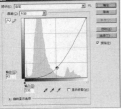

图11-66

3. 使用【曲线】命令调整图像色彩

与【色阶】命令一样，在【曲线】对话框中选择某个通道，可以调整图像的颜色，如图 11-67 所示。

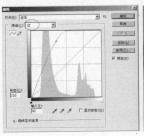

图11-67

4. 删除控制点

对于曲线上不需要的控制点可以将其删除，在控制点上单击鼠标左键，按【Delete】键即可删除该控制点；也可以在控制点上按住鼠标左键不放，向曲线区外拖曳即可删除该点，如图 11-68 所示。

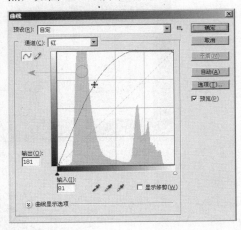

图11-68

σ 提示

将控制点垂直向上拖曳，表示该控制点的像素向更亮的色阶移动，因此图像变亮。反之则变暗。

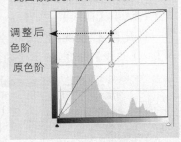

调整后色阶

原色阶

σ 提示

【曲线】对话框中的曲线区默认情况下被等分线等分成16小块，这些等分线只是作为参考线存在。为了能更加精确地设置控制点，可以将曲线区切换到更多的等分线显示模式，方法是按住【Alt】键并在曲线区中单击鼠标左键。

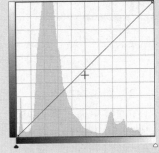

5. 使用吸管

在【色阶】对话框和【曲线】对话框中都分布着 3 个吸管，黑色吸管用来设置图像的黑场并纠正黑场的偏色（或者引入偏色），白色吸管用来设置图像的白场并纠正白场的偏色（或者引入偏色）。在【曲线】对话框中选中黑色吸管，在图像的像素上单击鼠标左键，该像素点被设置为黑场，如图 11-69 所示。

图像中吸取的像素点将变成图像的最黑点，比该像素暗的像素也都变成黑色

图11-69

使用白色吸管在图像的像素上单击鼠标左键，该像素点被设置为白场，如图 11-70 所示。

图像中比该像素点亮的像素也变成白色

图11-70

3 个吸管中中间的灰色吸管是用来设置灰场的，即用来设置中性灰。使用灰色吸管在图像中的像素上单击鼠标左键，该像素点的 RGB 数值将被设置为等值（R=G=B）或者近似，如图 11-71 所示。

图像中该像素被强制R=G=B

图11-71

图像中除了最暗和最亮的点，所有的RGB等值的灰色都称为中性灰。

中性灰是图像调整偏色最重要的依据。当图像中本该是灰色的物体RGB数值不等，说明图像存在偏色现象，只需要使用灰色吸管在这个物体上单击鼠标左键，将吸取的像素点强制RGB等值，整张图像的偏色情况将得到纠正。

生活经验告诉我们，正常光线下水泥柱应该是灰色，只需要将水泥柱的颜色恢复正常，整张图像偏色将得到校正。

使用灰色吸管单击水泥柱，颜色被校正。

❶【色彩平衡】命令

　　使用【色彩平衡】命令可以针对图像中的 3 个阶调（亮调、中间调、暗调）中的颜色偏差分别进行调整。

　　执行【图像】>【调整】>【色彩平衡】命令，弹出【色彩平衡】对话框，如图 11-72 所示。

①通过调整3个滑块来设置图像上颜色的配比。

其中，青色和红色为补色关系，洋红和绿色为补色关系，黄色和蓝色为补色关系。当增加青色就是减少红色，图像颜色偏青。同理其他两对补色关系也如此。

②表示当前的调整作用在图像上的区域是阴影、中间调或是高光。必须注意的是：这3个区域从来就没有明显的界线，当调整高光的时候，处于高光区域的变化最大，阴影的变化最小，但是同时也必然会影响到中间调区域，只要中间调区域的改变量不会太大就可以接受。

③勾选【保持明度】复选框改变其中1个颜色，其他的颜色也会相应发生变化。取消勾选"保持明度"复选框改变其中一个颜色，其他的颜色不会相应发生变化。

图11-72

　　选中"色调平衡"选项组中的【阴影】单选按钮，将"色彩平衡"中的"洋红 / 绿色"滑块向左侧拖曳；然后选中"色调平衡"中的【中间调】单选按钮，将"青色 / 红色"滑块向左侧拖曳；再选中"色调平衡"中的【高光】单选按钮，将"黄色 / 蓝色"滑块向左侧拖曳，图像颜色发生改变，如图 11-73 所示。

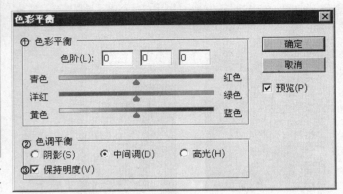

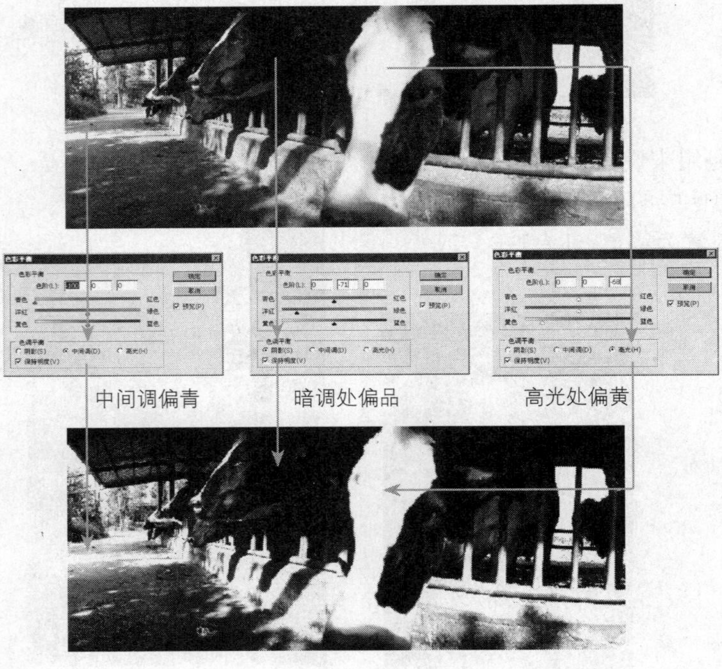

中间调偏青　　　暗调处偏品　　　高光处偏黄

图11-73

❽【色相/饱和度】命令

　　【色相／饱和度】命令用来改变图像的色彩组成、颜色的饱和度及图像的明度值。执行【图像】>【调整】>【色相／饱和度】命令，弹出【色相／饱和度】对话框，如图 11-74 所示。

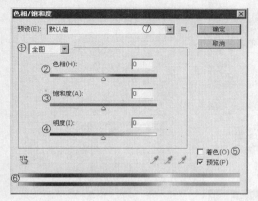

图11-74

　　打开素材"模块 11\ 知识点拓展 \11d"，确认"编辑"下拉列表框为"全图"选项的情况下，向右拖曳"色相"滑块到"+180"，可以看到对话框中最下方的色轮条颜色发生改变，图像的颜色也随之发生改变，如图 11-75 所示。

色轮旋转180°之后的颜色替换掉原图像所有颜色

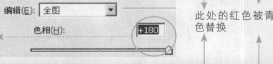

此处的红色被青色替换

图11-75

①"编辑"下拉列表框中可以选择所有颜色或者某一种颜色。

②通过拖曳"色相"滑块，将"编辑"中选择颜色替换掉。

③向右侧拖曳"饱和度"滑块可以增加图像饱和度，向左拖曳则可以降低图像饱和度。

④"明度"用来改变图像的明暗程度，滑块向右则图像变亮，滑块向左则图像变暗。

⑤"着色"可以为图像定义一个基本的色调，所有的调整都在此颜色的基础上进行。

⑥"色轮条"是水平展开的色轮，上面色轮条表示编辑之前的颜色，下面的色轮条表示编辑之后的颜色。

⑦默认预设。

☀ 知识：色轮

为了能够准确定义颜色，科学家用一个陀螺形状的圆柱体来描述颜色。圆柱的圆周表示色相，圆柱的半径表示饱和度，圆柱的轴心表示明度。

圆柱的一个横截面是一个包含了多种颜色的圆形，这个圆形称为色轮。在色轮中 0°位置是红色，60°为黄色、120°为绿色，180°为青色，240°为蓝色，300°为洋红。

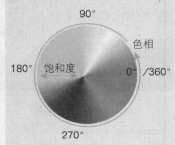

色轮中相邻的颜色称为"相邻色"，相对的颜色称为"补色"或者"相反色"，任意两个原色之间颜色称为"间色"。

在"编辑"下拉列表框中选择"红色"选项，向右拖曳"色相"滑块到"+180"，可以看到最下方的色轮条颜色发生改变，图像的颜色也随之发生改变，如图 11-76 所示。

色轮旋转180°之后的颜色替换掉原图像所有红色

红色被青色替换掉

图11-76

拖曳"饱和度"滑块，则图像的饱和度发生改变，向左拖曳图像饱和度降低直至变成灰度图效果，向右拖曳则饱和度提高，颜色鲜艳，如图 11-77 所示。

图11-77

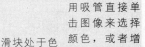

提示

当选择"编辑"下拉列表框中的某一种颜色时，色轮条上会出现两个矩形滑块和两个梯形滑块。上面的色轮条处于两个矩形滑块之间的颜色，将被下方的色轮条替换矩形滑块之间的颜色替换掉。

用吸管直接单击图像来选择颜色，或者增加、减掉颜色

滑块处于色轮的位置

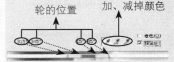

滑块之间的颜色以递减方式替换，离矩形滑块越远，颜色替换程度越小

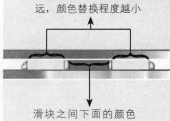

滑块之间下面的颜色替换掉上面的颜色

提示

【去色】命令也是用于将图像转换成灰度图效果。执行【图像】>【调整】>【去色】命令，图像被转换成灰度图。

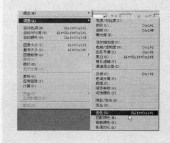

与将图像颜色模式转成灰度模式不同的是，灰度模式图像不能对图像添加彩色。去色的图像由于还是本身的颜色模式，可以添加彩色。

独立实践任务（2课时）

任务二　设计制作八达岭长城门票

⮕ 任务背景和任务要求

为八达岭长城设计一张门票，要求设计两个方案。成品尺寸为215mm×78mm。由于原始图片的天空背景比较单调，需要将原素材天空换成有丰富云彩的天空。

⮕ 任务分析

在素材图片上建立选区，将天空合成到背景中，然后调整长城图片使其与天空融合自然。添加文字并添加拢线。

⮕ 任务素材

任务素材参见光盘素材"模块11\任务二"。

→ **任务参考效果图**

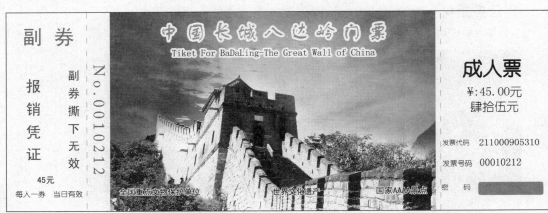

12 模块

设计制作数码相机包装盒

——色彩调整高级应用

任务参考效果图

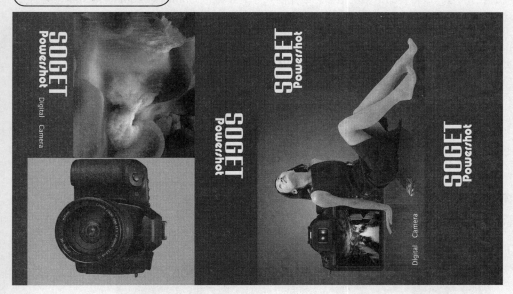

能力目标

1. 能够使用调整图层调整图像颜色
2. 能够使用调整图层的蒙版控制调整区域
3. 能够使用【信息】调板读取颜色色值

专业知识目标

1. 了解包装盒设计常识
2. 了解印刷专业调图知识

软件知识目标

1. 掌握建立调整图层
2. 掌握使用调整图层
3. 掌握信息调板知识

课时安排

4课时（讲课2课时，实践2课时）

模拟制作任务（2课时）

任务一　数码相机包装盒的设计与制作

⮕ 任务背景

2009年，SOGET公司新推出旗舰产品数码相机Powershot系列，现全球招标彩色包装盒❶的设计方案。

⮕ 任务要求

公司提供了多张图片的电子文件，包括产品、风景、模特照片，设计师要根据美观和印刷需要的原则挑选图片，并将其色彩调整到最佳以彰显相机的优良性能。包装盒内需要放置的物品有：一张光盘、一个充电器、一块电池、一根数据线和一个相机，相机尺寸为140mm×80mm×40mm。

⮕ 任务分析

根据相机的尺寸和放置物品的情况估算包装盒内尺寸大致需要155mm×220mm×55mm，因此将包装设计面的尺寸设置为270mm×470mm，包含盒盖、盒底、两个墙高度和包边尺寸。

为了能使得图片的印刷效果更好，使用色彩调整命令修饰图片颜色。

本案例的难点

人物色彩调整

产品调整

风光调整

处理包装盒面配图

1 打开素材"模块12\任务一\调整图层1"和"调整图层2",如图12-1所示。

图12-1

2 选择工具箱中的【移动工具】,按住【Shift】键将文档"调整图层2"的图像拖曳到"调整图层1"中,如图12-2所示。

图12-2

3 "调整图层2"的图像被拖曳到"调整图层1"文档中后,图像是居中分布的,如图12-3所示。

图12-3

4 在【图层】调板的"图层1"的眼睛处单击鼠标左键,隐藏该图层,如图12-4所示。

图12-4

5 在"背景"层栏处单击鼠标左键使其蓝显,执行【选择】>【色彩范围】命令,如图12-5所示。

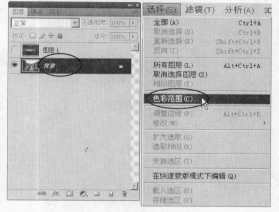

图12-5

6 在弹出的【色彩范围】对话框中,单击图像的天空处并设置"颜色容差"为"149",如图12-6所示。

图12-6

7 单击【确定】按钮，选区出现在文档中，如图12-7所示。

图12-7

8 单击"图层1"栏处使其蓝显，再单击"图层1"眼睛处的图框显示该图层，如图12-8（a）所示。单击【图层】调板下方的【添加图层蒙版】按钮，如图12-8（b）所示。

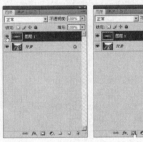

图12-8（a）   图12-8（b）

9 按住【Alt】键，同时在"图层1"蒙版缩览图上单击鼠标左键，文档显示蒙版状态，如图12-9所示。

图12-9

10 观察文档显示的蒙版，黑色的部分是隐藏部分，白色部分为显示部分。此时需要将除了天空外其余部分修改成黑色，这样天空就完整出现在文档

中。选择工具箱中的【画笔工具】，确认"前景色"为"黑色"，如图12-10所示。

图12-10

11 将鼠标指针移动到需要修改成黑色的蒙版图像上，按下鼠标左键不放并反复涂抹。天空和房屋的交界处可以通过控制笔刷大小来小心涂抹，如图12-11所示。

图12-11

12 也可以在画笔选项栏中通过设置不透明度来调整前景色的黑色，使其变成灰色，这样交界处融合得更加自然。修改完成的蒙版就可以完全显示天空并隐藏掉其他部分，如图12-12所示。

图12-12

13 在【图层】调板上的"图层1"缩览图上单击鼠标左键，切换到图像显示模式，可以看到图像的上方露出白色区域，需要移动天空以填满白色区域，如图12-13所示。

图12-13

14 在【图层】调板的图层缩览图和图层蒙版之间的链接图标上单击鼠标左键，取消链接。这样在移动图像的时候蒙版保持不动，如图12-14所示。

图12-14

15 选择工具箱中的【移动工具】，在图像任意位置按住鼠标左键不放并向上拖曳，直到拖曳至合适位置松开鼠标，天空就被替换掉了，如图12-15所示。

图12-15

16 观察图像交界处，可以看到融合还不是很自然，需要将这些杂色去掉，如图12-16所示。

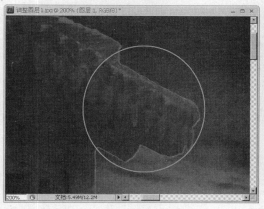

图12-16

17 在【图层】调板的蒙版缩览图上单击鼠标左键激活蒙版。将"前景色"设置为"白色"，选择工具箱中的【画笔工具】，在图像交界处继续仔细涂抹，如图12-17所示。

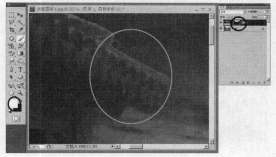

图12-17

18 天空替换完成，现在开始修改背景图像的色彩。在【图层】调板的"背景"层栏处单击鼠标左键激活此图层，如图12-18所示。

图12-18

01
02
03
04
05
06
07
08
09
10
11
12

⑲ 单击【创建新的填充或调整图层】❷按钮，在弹出的菜单中选择【色阶】命令，如图12-19（a）所示。在弹出的【色阶】对话框中将黑场滑块向右拖曳到"51"的位置，如图12-19（b）所示。

图12-19（a）　　　图12-19（b）

⑳ 整个图像被调暗，跟天空更加接近。这个画面显得太暗，需要让某些区域变亮，这样有一些视觉重点。河道中的小船作为视觉重点需要将这些地方提亮，如图12-20所示。

图12-20

㉑ 单击【创建新的填充或调整图层】按钮，在弹出的菜单中选择【曲线】命令。在弹出的【曲线】对话框中调整曲线使图像变亮，单击【确定】按钮，如图12-21所示。

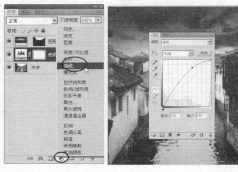

图12-21

㉒ 单击"曲线1"的图层蒙版❷缩览图，如图12-22所示。

图12-22

㉓ 在工具箱中选择【画笔工具】，并将"前景色"设置为"黑色"，如图12-23（a）所示。使用笔刷在图像上不需要亮的区域反复涂抹，如图12-23（b）所示。此时蒙版被修改，如图12-23（c）所示。

图12-23（b）

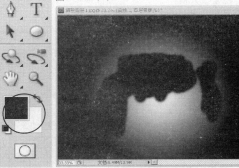

图12-23（a）　图12-23（c）

24 单击【创建新的填充或调整图层】按钮，在弹出的菜单中选择【色彩平衡】命令，如图12-24（a）所示。在弹出的【色彩平衡】对话框中将高光部分增加一些红色和黄色，单击【确定】按钮，如图12-24（b）所示。

图12-24（a）　　图12-24（b）

25 激活"色彩平衡1"图层的蒙版，使用【画笔工具】涂抹，将不需要变化的区域涂成黑色，如图12-25所示。

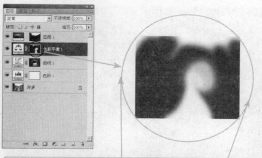

图12-25

26 这样一张普通的照片就被修改成一张寄托了个人感情的照片，如图12-26所示。

图12-26

调整相机颜色

27 打开素材"模块12\任务一\相机"，使用【多边形套索工具】将相机抠选出来，按【Ctrl+J】键复制图像到新图层上，然后将"背景"图层隐藏，如图12-27所示。

图12-27

28 执行【窗口】>【信息】命令，调出【信息】调板❹，如图12-28所示。

R:	183		C:	31%
G:	21		M:	100%
B:	76		Y:	57%
			K:	0%
8位			8位	
X:	34.36		W:	19.26
Y:	26.25		H:	15.45
#1 C:	91%			
M:	86%			
Y:	86%			
K:	77%			

文档:10.0M/19.4M

点按图像以置入新颜色取样器。要用附加选项，使用 Ctrl 键。

图12-28

29 在工具箱中选择【颜色取样器工具】❹，将鼠标移动到图像中，观察【信息】调板的数据，找到最黑的像素点，在此像素点上单击鼠标左键，【信息】调板上自动添加该取样点，如图12-29所示。

图12-29

30 单击【图层】调板中的【创建新的填充或调整图层】按钮，在展开的菜单中选择【曲线】命令，如图12-30所示。

图12-30

31 弹出【曲线】对话框，选择"通道"下拉列表框中的"黑色"通道，将曲线上的右上方控制点向左拖曳，直到【信息】调板的"K"值超过"70"，单击【确定】按钮，如图12-31所示。

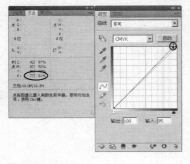

图12-31

32 产品调整❸完成，使用【多边形套索工具】沿着相机屏幕边缘绘制一个闭合的选区，如图12-32所示。

图12-32

33 切换到"调整图层1"文档，按【Ctrl+A】键，执行【编辑】>【合并拷贝】命令，如图12-33所示。

图12-33

34 切换到"相机"文档，执行【编辑】>【贴入】命令，如图12-34所示。

图12-34

35 按【Ctrl+T】键，调出自由变换定界框，按住【Shift】键，拖曳变换定界框的控制点将图像缩小，直到图像与选区大小相近，按【Enter】键确认操作，如图12-35所示。

图12-35

调整人物❸

36 打开素材"模块12\任务一\女士"，使用【颜色取样器工具】在人物的脸部找到最亮的高光点，单击鼠标左键取样；用同样的方法在人物的脸部中间调的像素上进行取样；在头发上找到图像最黑的暗调并进行取样，如图12-36所示。

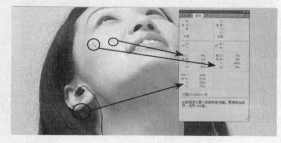

图12-36

37 在【图层】调板上创建"曲线"调整图层，如图12-37所示。

图12-37

38 弹出【曲线】对话框，选择"青色"通道，在输入为"50"的色阶处设置控制点并垂直向下拖曳到输出为"30"的色阶处，再将右上方的控制点向下拖曳到输出为"90"的色阶处，如图12-38所示。

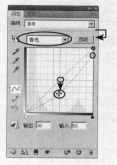

图12-38

39 选择"洋红"通道，在输入为"10"的色阶处设置控制点并垂直向上拖曳到输出为"20"的色阶处，如图12-39所示。

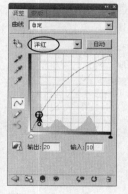

图12-39

40 选择"黑色"通道，将左下方控制点向右拖曳少些，右上方控制点向左拖曳少些，如图12-40所示。

图12-40

x

01 02 03 04 05 06 07 08 09 10 11 **12**

41 调整之后的数值显示在【信息】调板中，使用【钢笔工具】将人物抠选出来，将路径转换为选区，按【Shift+Ctrl+C】键，如图12-41所示。

图12-41

拼合图像

42 执行【文件】>【新建】命令，在弹出的对话框中设置"名称"为"盒盖"，"宽度"为"27厘米"、"高度"为"16厘米""分辨率"为"350像素/英寸"、"颜色模式"为"CMYK颜色"，单击【确定】按钮，如图12-42所示。

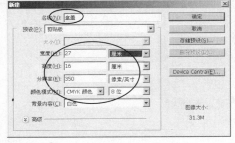

图12-42

43 设置"前景色"和"背景色"分别为"C=50，M=10"、"C=100，M=70，Y=30"，如图12-43所示。

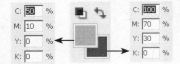

图12-43

44 选择工具箱中的【渐变工具】，在选项栏中设置渐变为"前景到背景"，渐变类型为"径向渐变"，在页面中按住鼠标左键拖曳，到合适位置松开鼠标，如图12-44所示。

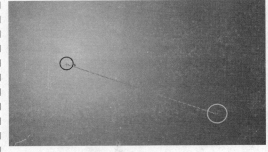

图12-44

45 按【Ctrl+V】键，将抠选出的女士图像粘贴至"盒盖"文档中，使用【移动工具】将图像调整好位置，如图12-45所示。

图12-45

46 切换到"相机"文档，按【Ctrl+A】键，再按【Shift+Ctrl+C】键，如图12-46所示。

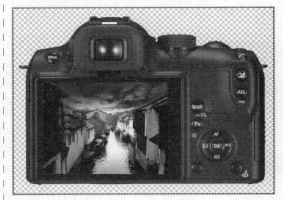

图12-46

47 切换到“盒盖”文档，按【Ctrl+V】键，使用【移动工具】将图像拖曳到合适位置，在【图层】调板中的“图层2”栏处按住鼠标左键不放，向下拖曳到“图层1”下方松开鼠标，如图12-47所示。

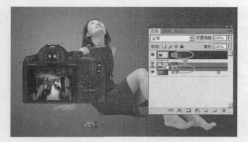

图12-47

48 按【Ctrl+J】键创建“图层2 副本”，按【Ctrl+T】键，调出自由变换定界框，在定界框上缘中间的控制点上按住鼠标左键不放，向下拖曳到合适位置松开鼠标，如图12-48所示，按【Enter】键确认操作。

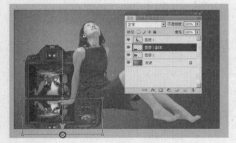

图12-48

49 在【图层】调板中修改图层的混合模式为“正片叠底”，设置“不透明度”为“25%”,如图12-49所示。

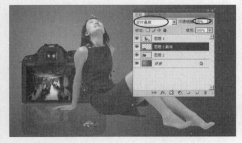

图12-49

50 单击【图层】调板的【添加创建图层蒙版】按钮，选择工具箱中的【渐变工具】，在选项栏中设置颜色为“前景到背景”，类型为“线性渐变”，确认工具箱中的“前景色”为“白色”、“背景色”为“黑色”，在倒立的相机上侧按住鼠标左键向下拖曳，到合适位置松开鼠标，如图12-50所示。

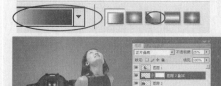

图12-50

51 用同样的方法制作出人物的倒影，如图12-51所示。

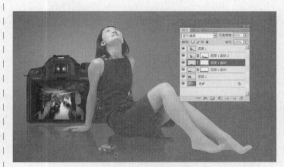

图12-51

提示

为了将人物的倒影能够更好对位，使用【自由变换】命令时需要将倒影旋转扭曲。

52 使用【文字工具】添加文字，如图12-52所示。

Mekanik LET/72点/白色
Pnmp/36点/白色
SOGET
Powershot
Digital Camera
Lucida/18点/白色

图12-52

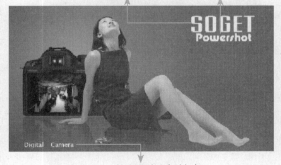

拼合盒盖、盒底

53 执行【文件】>【新建】命令，在弹出的对话框中设置"名称"为"包装盒"，"宽度"和"高度"分别为"27厘米"和"47厘米"，"分辨率"为"350像素/英寸"，"颜色模式"为"CMYK颜色"，"背景内容"为"背景色"，单击【确定】按钮，如图12-53所示。

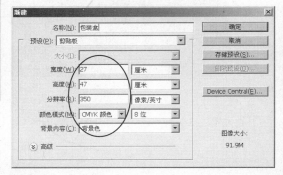

图12-53

54 设置2条垂直参考线，参考线坐标位置分别为"15毫米"和"255毫米"，再设置5条水平参考线，参考线坐标位置分别为"15毫米"、"175毫米"、"235毫米"、"395毫米"、"455毫米"，如图12-54所示。

图12-54

55 打开素材"模块12\任务一\盒底"，将图像复

制粘贴到"包装盒"文档中，执行【编辑】>【变换】>【旋转180度】命令，使用【移动工具】调整图像到合适位置；将"盒盖"文档图像复制粘贴到"包装盒"文档中并调整好位置；使用【文字工具】添加文字并放置到相应位置，如图12-55所示。

图12-55

知识点拓展

❶ 包装设计

立体包装设计是平面设计中最常见的一种产品类型，在设计过程中设计师应该先了解包装盒的立体构成和尺寸要求❶，然后在软件中设计包装盒的平面展开图，为了便于客户审阅，在提交平面展开图的同时最好再设计一个立体展示图，如图 12-56 所示。需要注意的是立体展示图只是用于客户审阅，平面展开图用于印刷成型。

平面展开图提交给印刷厂印刷成型　　立体示意图提交给客户审阅

图12-56

❷ 调整图层

早期的 Photoshop 版本并没有引入调整图层，需要直接在图像上进行调整，当需要修改设计时，不得不重新调整，工作量十分惊人。调整图层的引入方便了设计师，使得在获得更好调整效果的同时也提高了工作效率。所谓调整图层，顾名思义就是将图像调整命令设置为一个图层，并对其下方的图像产生作用。

1. 建立调整图层

（1）从菜单建立

打开素材"模块 12\ 知识点拓展 \12a"，如图 12-57 所示。

图12-57

执行【图层】>【新建调整图层】>【色阶】命令，如图 12-58（a）所示。在弹出的【新建图层】对话框中单击【确

✂ 提示

了解包装盒的立体构成，在设计时才能正确地设置模切版，以便于印刷厂最后将包装盒成型。

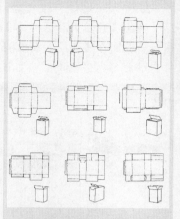

包装盒的尺寸要求非常严格，稍微有些偏差都可能会带来严重的事故。在计算和设置尺寸时需要考虑的因素很多，如包装内的物品体积，包装盒每个面的尺寸，荷兰板的厚度等。

❶ 请参考案例包中提供的尺寸错误和正确的包装样品。

定】按钮，如图 12-58（b）所示。

图12-58（a）　　　　　　图12-58（b）

在此设置该调整图层的名
称，否则软件将其默认为
调整命令的名称

勾选此复选框调整图
层与下层图层形成剪
贴蒙版

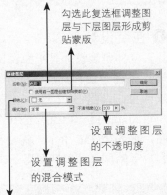

设置调整图层
的不透明度

设置调整图层
的混合模式

设置图层调板
中图层的显示
颜色

弹出【色阶】对话框，单击【确定】按钮，如图 12-59（a）
所示。此时在【图层】调板的"背景"层上方出现一个调整层，
并自动命名为"色阶 1"，如图 12-59（b）所示。

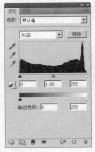

图12-59（a）　　　　图12-59（b）

（2）从【图层】调板建立

单击【图层】调板的【创建新的填充或调整图层】按钮，
在弹出的菜单中选择"色阶"选项，如图 12-60 所示。

图12-60

弹出【色阶】对话框，如图 12-61（a）所示。在【图层】
调板中即可建立一个调整层。在调整层上有两个缩览图，调整
层上左边的是调整命令，调整层上右边的是蒙版，如图 12-61（b）
所示。

图12-61（a）

图12-61（b）

2. 调整图层的使用

（1）调用调整命令

在调整层上的调整命令缩览图上双击，如图 12-62（a）所示，弹出【色阶】对话框，在该对话框中设置参数，如图 12-62（b）所示。

图12-62（a）

图12-62（b）

✳ 知识：调整图层的两大保护性

（1）保护原稿

使用调整图层来调整图像颜色不直接作用在图像上，将调整图层隐藏或者删除，图像的颜色可恢复到原始状态。对反复需要修改的图像进行调整，没有破坏原稿尤其重要，并且所有的调整参数都保留在调整命令对话框中，方便第二次对原稿进行调整或者方便其他工作人员进行调整。

（2）使用图层蒙版

在工具箱中选择【画笔工具】，确认"前景色"为"黑色"，在图像上按住鼠标左键反复涂抹，涂抹过的区域颜色可以恢复，如图 12-63 所示。

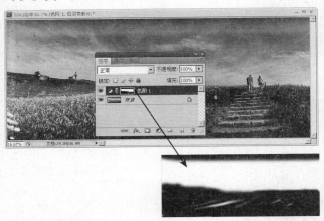

图12-63

3. 删除调整图层

在【图层】调板中的调整图层上按住鼠标左键，将其拖曳到【删除图层】按钮上松开鼠标，调整图层即可被删除，如图 12-64 所示。

图12-64

❸ 专业校色

用于印刷的图像，其颜色有严格的要求，在调整图像颜色的时候，不光要考虑色彩的感觉，更需要考虑印刷的专业要求。

本书将印刷用图的色彩大概归为 3 类：人物调整、风光调整、产品调整。用于印刷的图像必须将其颜色模式转换成 CMYK 颜色模式之后才能进行调整，在调整的时候，最好将【信息】调板放置在最显眼的位置以便于随时监控数据。

（2）保护区域

使用调整层上的蒙版可以控制色彩调整的区域，蒙版上黑色区域对下方图层形成保护，调整命令不能对这块区域起作用。

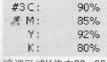

#3 C:	90%
M:	85%
Y:	92%
K:	80%

暗调区域K值在80~95之间

#1 C:	0%
M:	6%
Y:	8%
K:	0%

高光区域"K=0"、
"C≤3"，洋红和黄
色数值接近

#2 C:	15%
M:	40%
Y:	50%
K:	0%

中间调区域"K=0"、
"C≈20"，黄色比洋
红数值大10~20

① 人物调整

人物的色彩调整关键是将脸部的肤色校正，在正常打光情况下（正面布光），人脸的鼻尖和额头处为高光区域，脸颊为中间调区域，头发与脸颊交界处为暗调区域。

通常情况下，黄色人种人脸的高光和中间调区域"K=0"，高光区域"C≤3"，中间调区域"C≈20"。

白色人种的高光区域"K=0"，"C≤3"，Y与M相近；中间调区域"K=0"，"C≈10"，M略微大于Y。

黑色人种高光区域"K=0"，"5≤C≤10"，Y与M相近；中间调区域"25≤K≤35"，"C≈35"，Y与M相近。

棕色人种高光区域"K=0"，"C≈20"，Y与M相近；中间调区域"K≈40"，"C≈45"，Y与M相近并且数值很大。

② 产品调整

此类图像通常像素都分布在中间调区域，中间调也决定了图像是否偏色，因此使用曲线调整时，可以在中间点多设置控制点，对每个控制点进行精细调整。图像的高光区域不能出现极高光，也就是 CMYK 数值都为 0，至少应该有 3 左右的数值；暗调区域不能出现极暗调，也就是 CMYK 数值都为 100。

高光区域色值正常

导航器	信息	直方图		
R:	30	C:	91%	
G:	48	M:	80%	
B:	66	Y:	60%	
		K:	37%	
8 位		8 位		
X:	29.03	W:		
Y:	7.52	H:		
#1 C:	5%	#2 C:	93%	
M:	3%	M:	88%	
Y:	4%	Y:	89%	
K:	0%	K:	80%	
#3 C:	60%			
M:	45%			
Y:	25%			
K:	0%			

文档:60.6M/60.3M

点按图像以选取新的前景色。要用附加选项，使用 Shift、Alt 和 Ctrl 键。

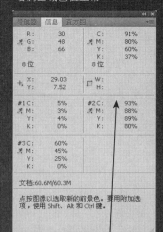

暗调区域色值正常

中间调决定了图像的整个色调，在调整时适当加大中间调反差可以让图像色彩更加明快

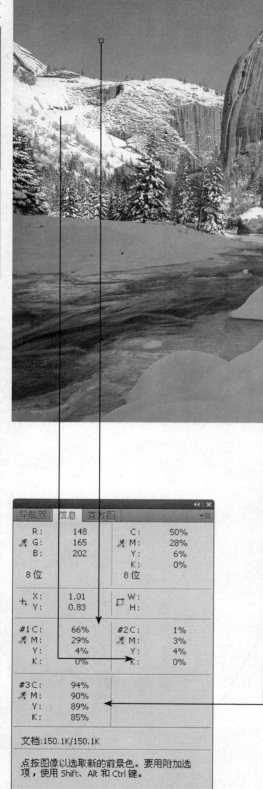

③ 风光调整

风光的色彩调整不像产品和人物的调整要忠实于原稿或者实物，风光的调整有时候在基本忠实于实际的基础上，也承载了摄影师更多的情感诉求。

风光图像的高光区域也不能出现极高光，暗调区域不能出现极暗调。在调整图像色彩时记住一些记忆色对颜色的控制很有帮助，如蓝色天空的数值约为"C=60"，"M=25"，草绿色约为"C=100"，"Y=100"，碧绿色约为"C=60"，"Y=25"。

❹【信息】调板

在观察和调整图像颜色时，习惯观察【信息】调板的数据能够帮助设计师更加精确控制图像色彩。

执行【窗口】>【信息】命令，调出【信息】调板，如图12-65所示。

颜色数值显示区 ←

坐标位置 ←

文档大小 ←

→ 选区的宽高数值

图12-65

信息面板的上部分是颜色数值显示区，当鼠标移动到图像某个像素时，信息面板上显示这个像素的数值，下部分左边是当前鼠标所处像素的坐标位置，下部分右边是选区的宽高数值，如图12-66所示。

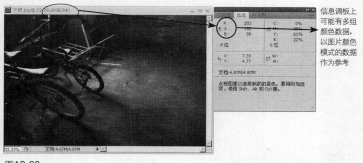

信息调板上可能有多组颜色数据，以图片颜色模式的数据作为参考

图12-66

单击颜色数值区的吸管，在弹出的快捷菜单中可以选择颜色模式，如图12-67所示；单击坐标图标，在弹出的快捷菜单中可以选择尺寸的单位，如图12-68所示。

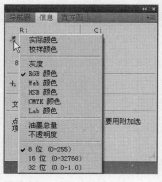

图12-67

图12-68

提示

【信息】调板可以根据自己的喜好安排调板中的显示内容。

单击【信息】调板右上角的下三角按钮，在展开的菜单中选择"面板选项"。

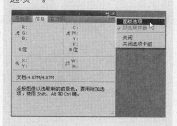

在弹出的对话框中勾选相关选项复选框。

提示

调整图像颜色时，使用【颜色取样器工具】对颜色进行取样，取样的颜色色值出现在【信息】调板中，最多可以在文档中建立4个取样点。

在取样点上右击，在弹出的快捷菜单中选择【删除】命令，可以删除该取样点。

❺ 补充知识点：其他调整命令

在调整命令菜单栏中，除了【色阶】命令、【曲线】命令、【色相/饱和度】命令等比较常用的命令外，还分列着一些其他调整命令。

1.【亮度/对比度】命令

【亮度/对比度】可以很直观地调节图像明暗关系和明暗反差。这个工具由于对图像的操作不能很精细，在实际调整图像中使用的很少。

执行【图像】>【调整】>【亮度/对比度】命令，弹出【亮度/对比度】对话框，如图 12-69 所示。亮度和对比度的调整范围为（-100~100）。向右拖曳亮度（或对比度）的滑块，亮度（或对比度）增加，向左拖曳亮度（或对比度）的滑块，亮度（或对比度）减小。

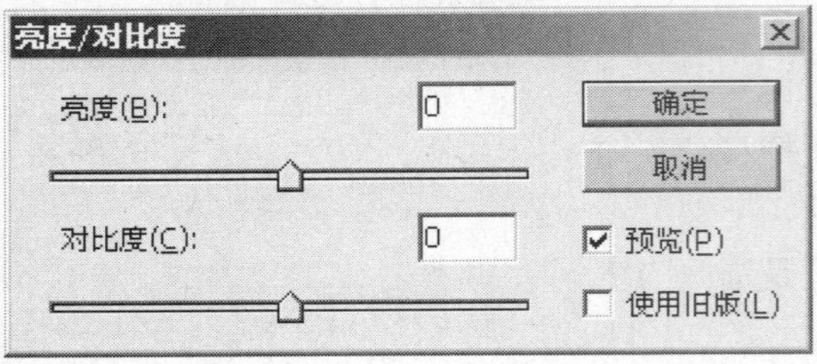

图12-69

2.【黑白】命令

【黑白】命令可以保持在其原有的颜色模式情况下将图像转换成灰度图，其转换功能比【去色】等工具更为强大，在【黑白】对话框中可以调整图像的 6 种颜色转换成灰色的程度，因此该工具有更强的操控性。勾选【色调】复选框还可以对图像进行着色，如图 12-70 所示。

图12-70

3.【替换颜色】命令

【替换颜色】命令与【色相/饱和度】命令相似，都是依据色轮的旋转来替换图像的颜色，与【色相/饱和度】命令不同的是，在【替换颜色】对话框中可以定义选区，针对选区内的颜色进行替换，如图 12-71 所示。

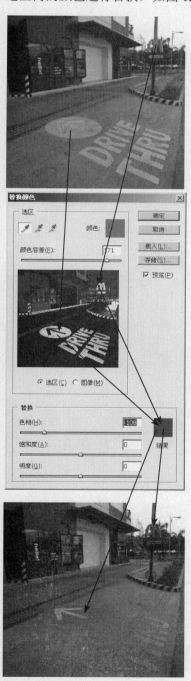

图12-71

4.【可选颜色】命令

【可选颜色】命令可以调整颜色。在【可选颜色】对话框中的"颜色"下拉列表框中选择某类颜色，然后拖曳"青色"、"洋红"、"黄色"、"黑色"的滑块，来调整该类颜色中的"青色"、"洋红"、"黄色"、"黑色"的颜色比例，如图 12-72 所示。

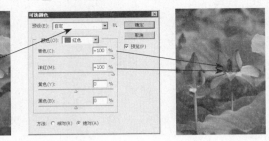

图12-72

5.【渐变映射】命令

【渐变映射】命令可以将渐变条上的颜色分别映射到图像的暗调、中间调和亮调上，也就是用渐变条左侧的颜色替换暗调区域颜色，渐变条中间的颜色替换中间调颜色，渐变条右侧的颜色替换亮调区域颜色，如图 12-73 所示。

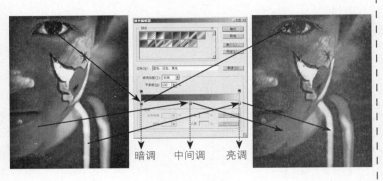

图12-73

6.【通道混合器】命令

【通道混合器】命令可以将图像的颜色通道重新按比例混合然后映射到颜色通道上，也就是将重新混合后的颜色通道替换掉原来的颜色通道，如图 12-74 所示。

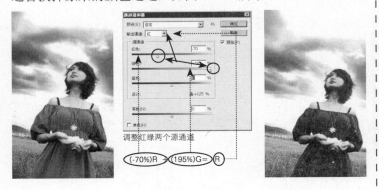

图12-74

7. 【阴影 / 高光】命令

【阴影 / 高光】命令可以很方便地调整高反差的图像，如图 12-75 所示。

图12-75

8. 【反相】命令

【反相】命令可以反转图像的颜色，反转后的图像很像照片的负片效果，如图 12-76 所示。

图12-76

9. 【照片滤镜】命令

【照片滤镜】命令可以模拟在相机镜头前装置彩色滤镜的效果，如图 12-77 所示。

图12-77

独立实践任务（2课时）

任务二　设计包装盒的盒底

➡ 任务背景和任务要求

任务一中设计的是包装盒的盒面，现在需要设计一个盒底。尺寸要求和整体要求与盒面一致。

➡ 任务分析

使用曲线等调整命令调整相机，使用调整图层功能调整风光照片，然后将它们拼合在一个画面中，最终与盒面组成一个完整的文件。

➡ 任务素材

任务素材参见光盘素材"模块12\任务二"。

➡ 任务参考效果图

任务三　调整照相机说明书配图颜色

🔶 任务背景和任务要求

照相机说明书需要一些摄影配图，需要设计师对所有的图像进行色彩调整。

🔶 任务分析

使用调整图层针对印刷要求调整每张图片。

🔶 任务素材

任务素材参见光盘素材"模块12\任务三"。

🔶 任务参考效果图

职业设计师岗位技能实训教育方案指定教材

丛书特点

实力雄厚的研发团队

▸▸ 本丛书由中国科学出版集团新世纪书局
与智联招聘网在对上千个招聘企业的相
关职位的岗位需求进行系统分析的基础
上,联合厂商(Adobe、Corel 等)技术专家、
资深教师、一线设计师共同研发。

结构完整的教学体系

▸▸ 实训课程体系由软件应用技术课程和岗
位技能实训课程组成。

▸▸ 软件应用技术课:技术基础教材 + 教学课件 + 练习素材 + 国际厂商(Adobe、Corel)线上产品专家认证考试。

▸▸ 岗位技能实训课:学生版实训教材 + 教学课件 + 练习素材 + 教师版实训教学参考书 + 实训教学包 + 教师岗位
技能系统培训 + 商业实务级技能测评 + 国际厂商职业设计师认证。

产品丰富的教学实训包

▸▸ 其中最关键的是实训教学包,提供书中案例的实际生产成品(包括正确产品与问题产品以及核心要素分析、
问题产品的错误原因分析)、从设计到生产的全流程工作实景视频、教师教学参考书,以此弥补教师一线实
践经验的缺乏,帮助教师能够顺利进行实训教学,切实达到实训教学目标。

教材配套的教师培训

▸▸ 我们将在暑期与艺术设计教指委、印刷包装教指委、Adobe、Corel 公司联合举办师资培训班,结合相关实训
课程的配套教材,为一线教师提供岗位技能系统培训。

注:凡选用本方案教材的院校,均可安排本校学生参加 Adobe、Corel 公司的认证考试,考试通过者可获得官方认证证书,
以提高学生在就业时的竞争力。

丛书书目索引